2017 新北創客季

新北自造者嘉年華

新北起飛 歡樂自造

10/14-10/15
新北市民廣場

f 新北自造者嘉年華

指導單位：新北市政府 New Taipei City Government　　主辦單位：新北市政府勞工局　　承辦單位：新北市政府職業訓練中心　tmo 台灣自造者協會

協辦單位：新北市政府教育局　**Make:Taiwan**　　贊助單位：**MAKER MEDIA**　**Make:**

合作單位：**AEG** POWERTOOLS　　**DFROBOT** DRIVE THE FUTURE　機器人王國　**STIHL**　翰吉　

媒體夥伴：城邦文化　**PanSci** 泛科學　泛科技 PanY.com　　社群單位：

CONTENTS

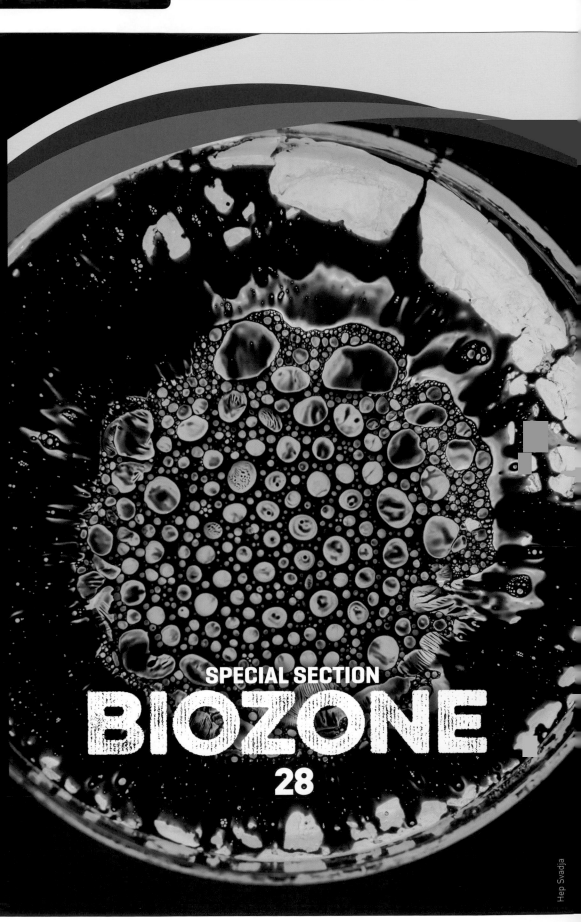

SPECIAL SECTION

BIOZONE

28

封面故事：
用鐵磁流體加上螢光棒溶液的奇怪
混合物來探索科學。攝影：艾倫‧
洛克菲勒

Hep Svadja

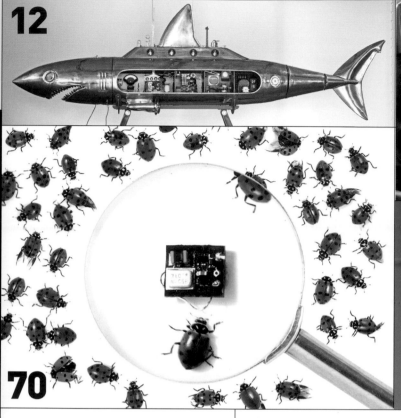

12

70

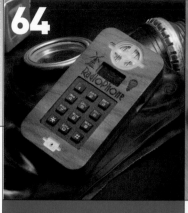

64

88

90

56

Christopher Potter, Hep Svadja, Forrest M. Mims III, Tim Deagan

Make:®

國家圖書館出版品預行編目資料

Make：國際中文版／MAKER MEDIA 作；Madison 等譯
-- 初版 . -- 臺北市：泰電電業，2017.09　冊；公分
ISBN：978-986-405-048-2　（第 31 冊：平裝）
1. 生活科技
400　　　　　　　　　　　　　　　106003223

**EXECUTIVE
CHAIRMAN & CEO**
Dale Dougherty
dale@makermedia.com

*

CFO & PUBLISHER
Todd Sotkiewicz
todd@makermedia.com

VICE PRESIDENT
Sherry Huss
sherry@makermedia.com

EDITORIAL

EXECUTIVE EDITOR
Mike Senese
mike@makermedia.com

PROJECTS EDITOR
Keith Hammond
khammond@makermedia.com

SENIOR EDITOR
Caleb Kraft
caleb@makermedia.com

MANAGING EDITOR, DIGITAL
Sophia Smith

PRODUCTION MANAGER
Craig Couden

COPY EDITOR
Laurie Barton

CONTRIBUTING EDITORS
William Gurstelle
Charles Platt
Matt Stultz

**DESIGN,
PHOTOGRAPHY
& VIDEO**

ART DIRECTOR
Juliann Brown

PHOTO EDITOR
Hep Svadja

SENIOR VIDEO PRODUCER
Tyler Winegarner

LAB/PHOTO INTERN
Sydney Palmer

MAKEZINE.COM

WEB/PRODUCT
DEVELOPMENT
David Beauchamp
Rich Haynie
Bill Olson
Kate Rowe
Sarah Struck
Clair Whitmer
Alicia Williams

國際中文版譯者

Madison：2010年開始兼職筆譯生涯，專長領域是自然、科普與行銷。

呂紹柔：國立臺灣師範大學英語所，自由譯者，愛貓，愛游泳，愛臺灣師大棒球隊，愛四處走跳玩耍曬太陽。

花神：從事科技與科普教育翻譯，喜歡咖啡和甜食，現為《MAKE》網站與雜誌譯者。

張婉秦：蘇格蘭史崔克萊大學國際行銷碩士，輔大影像傳播系學士，一直在媒體與行銷界打滾，喜歡學語言，對新奇的東西毫無抵抗能力。

敦敦：兼職中英日譯者，有口譯經驗，喜歡不同語言間的文字轉換過程。

屠建明：目前為全職譯者。身為愛丁堡大學的文學畢業生，深陷小說、戲劇的世界，但也曾主修電機，對任何科技新知都有濃烈的興趣。

葉家豪：國立清華大學計量財務金融學系畢。在瞬息萬變的金融業界翻滾的同時，更享受語言、音樂產業的人文薰陶。

潘榮美：國立政治大學英國語文學系畢業，曾任網路雜誌記者、展場口譯、演員等，並涉足劇場、音樂、廣播與文學界。現為英語教師及譯者。

謝明珊：臺灣大學政治系國際關係組碩士。專職翻譯雜誌、電影、電視，並樂在其中，深信人就是要做自己喜歡的事。

Make：國際中文版31
（Make：Volume 56）

編者：MAKER MEDIA
總編輯：顏妤安
主編：井楷涵
編輯：鄭宇晴
特約編輯：周均健
實習編輯：張庭瑋
版面構成：陳佩娟
部門經理：李幸秋
行銷主任：江玉麟
行銷企劃：李思萱、鄧語薇、宋怡箴
業務副理：郭雅慧
出版：泰電電業股份有限公司
地址：臺北市中正區博愛路76號8樓
電話：（02）2381-1180
傳真：（02）2314-3621
劃撥帳號：1942-3543 泰電電業股份有限公司
網站：http://www.makezine.com.tw
總經銷：時報文化出版企業股份有限公司
電話：（02）2306-6842
地址：桃園縣龜山鄉萬壽路2段351號
印刷：時報文化出版企業股份有限公司
ISBN：978-986-405-048-2
2017年9月初版　定價260元

版權所有‧翻印必究（Printed in Taiwan）
◎本書如有缺頁、破損、裝訂錯誤，請寄回本公司更換

**Vol.32
2017/11
預定發行**

www.makezine.com.tw 更新中！

下列網址提供本書之注釋、勘誤表與訂正等資訊。 makezine.com.tw/magazine-collate.html

Make:
littleBits快速上手指南

Getting Started with littleBits：
Prototyping and Inventing with
Modular Electronics

艾雅・貝蒂爾 Ayah Bdeir
麥特・理查森 Matt Richardson

江惟真 譯

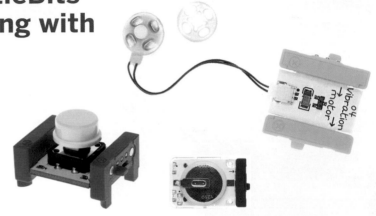

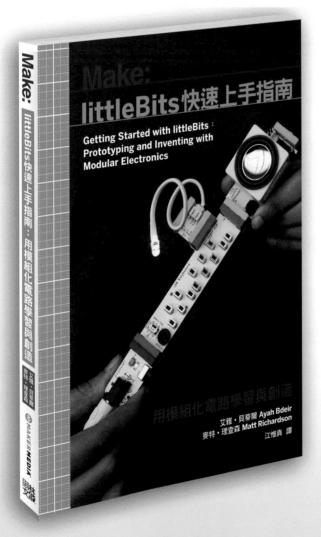

用模組化電路學習與創造

讀完本書，你將能夠：

>>做出有機器夾臂的遙控車。

>>做出能和自製模組化樂器一起組樂團的類比合成器。

>>做出以邏輯偵測周圍牆壁，還能導航的機器人。

>>用雲端電子積木（cloudBit）做出走到哪、愛到哪的電子情人。

>>做出以Arduino為核心模組的客製化滑鼠或遊戲控制器。

>>做出屬於你自己的電子積木──運用littleBits硬體開發套件。

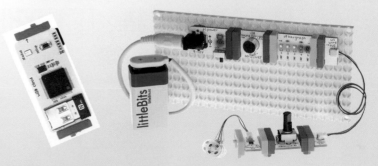

誠品、金石堂、博客來及各大書店均售 | 訂價：360元

馥林文化 www.fullon.com.tw 　f 《馥林文化讀書俱樂部》🔍

馥林文化
露天購物廣場

譯：花神

DIY的DIY雜誌與 令人驚奇的小船

A DIY'd DIY Magazine & The Little Boat That Did

充滿驚奇的小船萬歲！

戴蒙・麥可米蘭（Damon McMillan）和他的SeaCharger（見《MAKE》國際中文版Vol.30第14頁的〈小艘船，大驚奇！〉一文）真是太棒了。我希望他可以再打造一艘SeaCharger二號，並嘗試橫渡太平洋。或許，這次他可以從加州開往日本，相信日本的機器人文化如此盛行，一定會對他投以崇拜的目光，讓戴蒙得到應得的榮耀！

——坎尼斯・希爾夫
（Kenneth Scharf），網路留言

我剛才拜讀了〈小艘船，大驚奇！〉一文，真是太不可思議了！我想要了解更多細節，比方說「衛星數據機」的控制與訊息通道，還有主推進馬達的磁耦合原理。請再寫一篇續文吧，拜託！

麥可米蘭先生或許可以和國家海洋暨大氣總署（NOAA）洽談，藉由提供SeaCharger的最後位置來發出船員通知（NOTAM），讓路過的船可以搜尋並幫忙將Seacharger「撈」起來（例如，「找到後要如何關機？」或是「別擔心有任何危險，這不是爆裂物」等）。

——布魯斯・麥克坎德雷斯二世（Bruce McCandless II），電子郵件訊息

作者戴蒙・麥可米蘭回應

謝謝您的熱情與善意的回應。

衛星數據機叫做Rockblock，由一間英國公司製造。這塊板子和手掌差不多大，價錢約250美元。每次接收或發送訊息，成本大約是0.3美元。我可以傳送一些基本的指令給小船，像是新的航點或是讓馬達打開或關上。它連接到Arduino開發板上，由Arduino控制。

其實磁耦合是水下馬達很常見的運作方式，馬達裡頭有兩個同心磁鐵，中間有防水的屏障，內圈磁鐵與馬達相連，必須保持乾燥，外圈磁鐵與推進器相連，會被水

» 布娌・范谷德（Brie Finegold）和爸爸喬（Joe）在加州聖塔芭芭拉完成了「一日木燒披薩窯」（見《MAKE》Vol.53 P.34），正惬意地休息。

Damon McMillan, Joe Finegold

沾濕。外圈磁鐵會跟著內圈磁鐵移動，動能來自磁極的不斷轉換。

另外，就在昨天（2017年1月11日），SeaCharger被一艘正開往紐西蘭的貨櫃船撈起，明天就會抵達紐西蘭了，或許會在當地的博物館待上幾個月。

在seacharger.com網頁上，你可以看到許多照片和其他資訊。◙

編輯：〈小艘船，大驚奇〉的作者戴蒙發現第二封信的作者布魯斯・麥克坎德雷斯二世是一位前美國太空人——感謝你閱讀《MAKE》，布魯斯。也感謝坎尼斯、布娌、喬、羅賓及其家人！

像真的一樣

» 淇雅（Zhia）和歐賢（Ocean）幫爸爸訂閱了《MAKE》雜誌，不過因為第一期無法準時送達，所以他們就做了一期給爸爸！

——羅賓（Robyn），瓜達拉島，加拿大英屬哥倫比亞省，推特留言

顛覆性科學
Subversive Science

文：麥可·西尼斯（《MAKE》雜誌主編）　譯：花神

Hep Svadja

由社群驅動的創新，不管是我們用的工具還是做的專題，都是Maker運動的關鍵核心。過去幾年，我們看見原型開發用的電路板和數位製造工具變得平易近人；我們看見以往難以使用又昂貴的設備變得小巧、便宜且更容易使用；我們也看見在社群中，充滿熱忱的人們以這些工具為基礎發揮創意，做出讓人眼睛為之一亮、有趣且實用的專題！總而言之，由社群驅動的創新是這本雜誌、Maker Faire、以及整個Maker運動的動力來源。

現在，「生物改造」（Biohacking）技術似乎也要步上同樣的歷程。它由一群有志之士集結成社群，驅動一系列的變革與創新，而且似乎會造成更大的影響力——因此，我們決定用一期的《MAKE》來介紹這個主題。時至今日，進行認真的科學研究從來不曾如此「親民」，一些（再一次成為）新的、容易取得的工具逐漸普及，讓你可以在任何地區的家中和生物駭客Makerspace建置實驗室，也就是說，業餘愛好者也可以動手嘗試以往只有學術界專業人士能進行的進階專題研究了。

這樣的情況，導致創意十足且有著實際助益的專題百花齊放——許多概念都可能對世界產生重大影響，有的可以拯救更多生命，有的則能對保護自然環境產生貢獻。在這一期的《MAKE》中，我們會介紹OpenAPS和Open Insulin專題，它們試圖提供糖尿病患所需的控制儀器與其他的藥物來源。同時，Pembient生物駭客團隊則藉由在市場上大量製造與販售合成的犀牛角蛋白來遏止犀牛角交易；雖然有人對這樣的策略和可能引發的後果持懷疑態度，但這樣創新的概念也反應出這些團隊的精神。另外，真素食乳酪（Real Vegan Cheese）團隊致力於研究如何透過排序酵母中的乳蛋白質來產製乳製品，這樣就不需要勞駕牛了！一旦成功，人們就可以用傳統的技術製作出不含動物組織的乳酪。透過排序的製程，人們也可以將乳糖抽離，讓患有乳糖不耐症的人們也可以享用實驗室生產的乳製品。

這樣的可能性無窮無盡，也不斷地吸引新的團隊加入，讓更多使用者進入生物駭客空間，激盪出更多創意火花。我們已經看見了這股迸發的力量，並且很期待看見它將引領我們走向何處。為資源匱乏的地區提供新藥品、3D列印出器官和骨頭、或是一場燃料的革命——這一切都有可能由你們這些充滿創意的生物駭客來完成。繼續保持下去吧。◉

歡迎來信與我們分享你正在進行的專題！
editor@makezine.com.tw

MADE ON EARTH

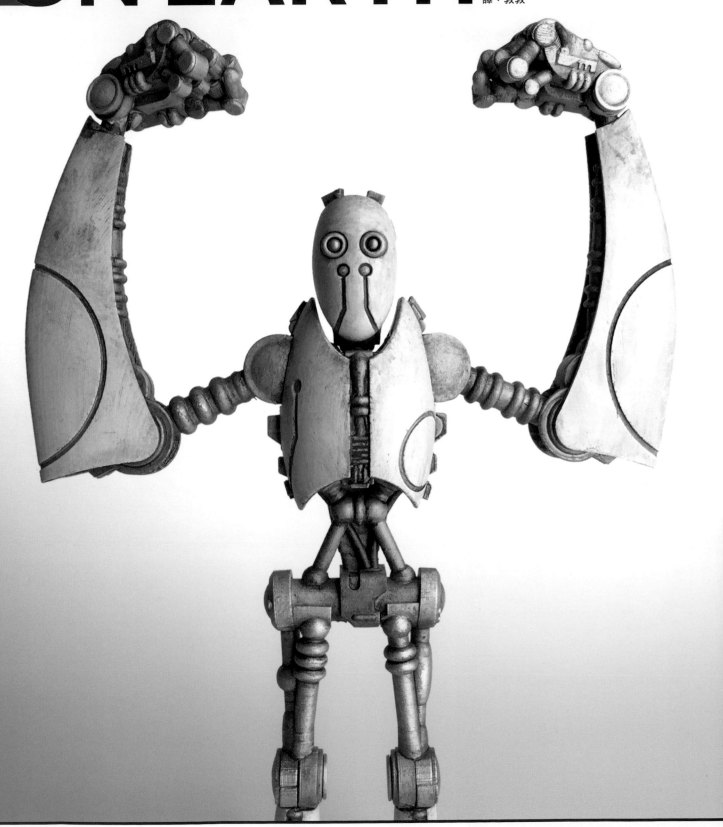

機器人
小擺飾

R2DECODESIGN.COM

布萊特‧米契（Brett Mich）和我們大多數人一樣，對機器人有一種無法解釋的熱愛。這位來自威爾康辛州的設計師本業是玩具發明家，但他會利用閒暇時光，手工打造獨一無二的機器人雕塑。「一開始，我將設計機器人當做是擴充個人收藏的方式。」他說，但有一次在公司交換禮物活動中送出一件作品後，米契就受到鼓勵，開設了一間網路商店來販售其名為R2 Deco Design的作品。

每一個機器人最初都以鉛筆素描構思，然後在電腦上使用Rhino CAD重塑，加上可活動的關節，並將設計拆解成一個個分離的部件以利於組裝。透過使用PLA線材的3D印表機，將這些部件成為實體後，再經過一連串仔細的上色及風化過程來呈現機器人的仿舊感。

「我認為這個步驟能帶給這些機器人生命，觀看者也可以藉此了解真實的它們──會擺姿勢的藝術品。」米契說。

——唐納‧貝爾

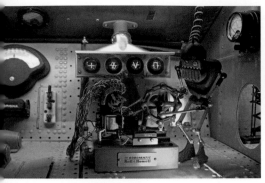  

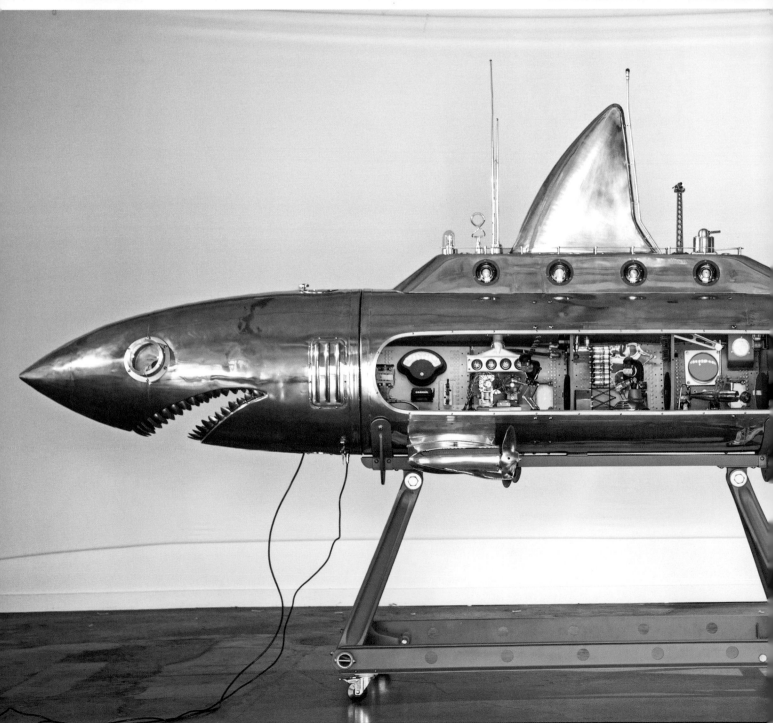

Nemo Gould

驚奇潛水艇

NEMOGOULD.COM

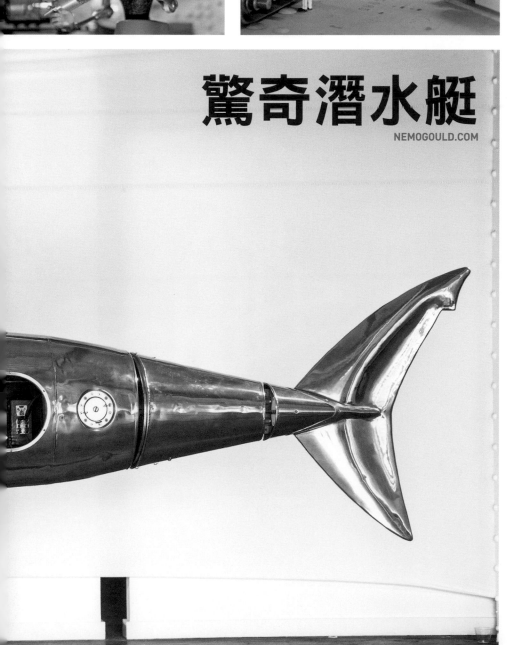

Christopher Potter

自稱是囤積大師的藝術家尼莫·古爾德（Nemo Gould）能用隨手可得的材料變出極棒的作品。圓潤的木材和晶瑩的黃銥成功吸引了人們的目光，而作品所延伸的古怪觸角，讓它好像是從科幻漫畫中活過來般。

巨齒鯊（Megalodon）是古爾德的最新作品，構成主體的16呎長回收油箱來自F-94轟炸機的機翼。鯊魚的魚鰭由發動器驅動，魚尾則讓人不安地來回擺動。一側的剖面則展示了許多鍋爐及控制室，每間都安裝了精緻的可動零件，充滿了小小的人形公仔和古怪的生物，身兼各式各樣操作潛水艇的任務。

古爾德花了兩年多的時間完成了這件作品。「多年來，我一直想做一艘一側剖面的潛艇，也事先做了一些想要放進裡面的小物件。」他解釋，「我知道這樣的製作過程是顛倒過來的，但那油箱就是我缺少的最後一塊拼圖。」他在一家飛機回收公司找到了它，也終於能將作品組裝完成。

古爾德說，創作的過程和拼拼圖非常相似。「我保存了許多以某種方式讓我產生強烈感覺的物件。」他說，「這項挑戰在於，從各式各樣有潛力的組合中，找到能導向最完美藝術的那一組。」比起做為一名藝術家、機械師、製作者和木工師傅等所需具備的技巧，古爾德說，「擁有一間能大量容納物件、對大小不一的物件進行組織化管理的庫存室，才是真正的訣竅。」

——蘇菲亞·史密斯

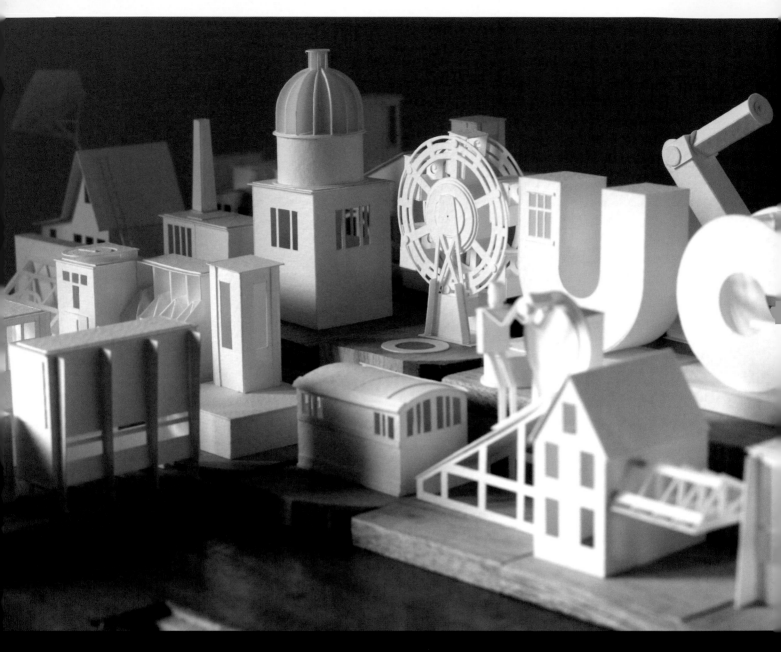

紙城 PAPERHOLM.COM

2014年8月，藝術家查理斯‧楊（Charles Young）開始進行其每天一件、持續一年的「紙沙洲」（Paperholm）動態紙雕專題。那年夏天，楊在完成英國愛丁堡藝術大學建築碩士的學業後，想要從事一個可以讓他每天都持續創作的計劃。在此之前，楊曾製作過一些小小的紙模型，他決定以此做為他每天都可以完成的事情。從此展開了這項專題。

每件模型都僅使用厚度200gsm的水彩紙和PVA膠來完成，但在他網站的照片幻燈片和GIF中，卻宛如有了生命般，呈現出古雅而適意的紙張風情。楊每天早上的第一件事便是打造紙建築，視其複雜程度，每一件作品會花費20至30分鐘製作，這已經比剛開始時快多了。「經過了100天或200天後，你會突然發現雖然好像沒有花太多時間製作，但你已經完成了一件

大工程。」他說。儘管很難持續保持專注，這樣每天創作的模式，對他的創造力和生產力已有了很大的助益。

雖然最初的365件作品已在2015年8月完成了，但他在同年11月又開始每天打造紙建築，並持續到了現在。楊的簡陋小村莊已逐漸蔓延成一座貨真價實的大都市。

——妮可‧史密斯和蘇菲亞‧史密斯

Charles Young

金屬
調酒師

TWOBITCIRCUS.COM

來自洛杉磯的娛樂型Maker：二次元馬戲團（Two Bit Circus）以創作出古怪卻具可愛魅力的專題為己任，作品包括高科技搖搖馬競賽、密室逃脫及將人置身於火焰而非水中的大型神射手玩具等。在去年11月舉辦的Anti-Gala募資活動上，他們想要製作一個可以擺在活動中央、有趣又具社交性的互動科技專題。解決之道！打造一臺時髦的投幣式機器人調酒師，為現場所有的嘉賓製作好喝的飲料。

在短短三週的時間內，團隊就必須完成這臺可以提供飲料的機器人。他們將米自洛杉磯市郊電子材料行的的部件手工改造成調酒師的身體，動力則來自於由Pololu Maestro開發板驅動的強力伺服機。他們也使用了Party Robotics公司的蠕動式系統，將酒及調酒分配至機器人手持的杯中，搖動後再經水龍頭注入賓客的玻璃杯中。在Raspberry Pi上運行的特製系統提供了四種飲品選項，可以從特大的按鈕做選擇，第五個按鈕則會讓飲料流出。

完成的機器人很像是來自卡通《傑森一家》喬治・傑森（George Jetson）的歡樂酒吧，主要是因為它使用了二十世紀中期的外殼風格。「我們一開始想使用一種類似『Zoltar』算命機的外殼，但後來我們認為這種風格和其中的機器人很不搭。」二次元馬戲團工業設計師克里斯・魏斯伯特（Chris Weisbart）寫道。「我多年來持續搜集工業和產品設計相關的書籍，其中有一本是關於點唱機的歷史。在翻閱這本書時，看到了1957年出品的AMI H點唱機後，終於靈光一閃！這個美麗的設計令人驚艷，也很符合我們需要的感覺。」

現場的反應非常好！「人們為之瘋狂，」魏斯伯特表示，「為它補充飲料是一件難事，因為人們不停地討論它，在我們想要補充飲料時仍忍不住按按鈕。」那是一場很棒的派對，調酒師整夜不能停歇。

——麥可・西尼斯

Chris Weisbart

復古未來風格遙控器 MAKEZINE.COM/GO/STEAMPUNK-REMOTE

在你拿起立體音響的遙控器時，喜歡它的外觀嗎？我們大多數都不會對此有太多想法，因為它們的造型太過枯燥乏味，導致它們在生活中近乎隱形。

麥可・格林斯密斯（Michael Greensmith）決定採取不同的態度。「我想要一個使用起來很有趣的遙控器，而且也要搭配我那1940年代座鐘風格的iPhone音響系統。」

他說，「我一直想到小時候曾讀過、很棒的科幻小說和漫畫。」

麥可的遙控器看起來就像復古未來科幻小說中會出現的道具。木製的外殼和打字機的按鍵，讓你拿起來時會感覺到舊裝置特有的重量感。從內部發出的神祕藍光則會讓人忍不住猜想是哪個時代的產物。

打字機的按鍵延伸往下，可以戳到藏在

其中的山葉音響遙控器。雖然是低技術，卻很有用！遙控器的電池則裝上簡單的LED，以發出藍色壓克力般的燈光效果。

——卡里布・卡夫特

Michael Greensmith

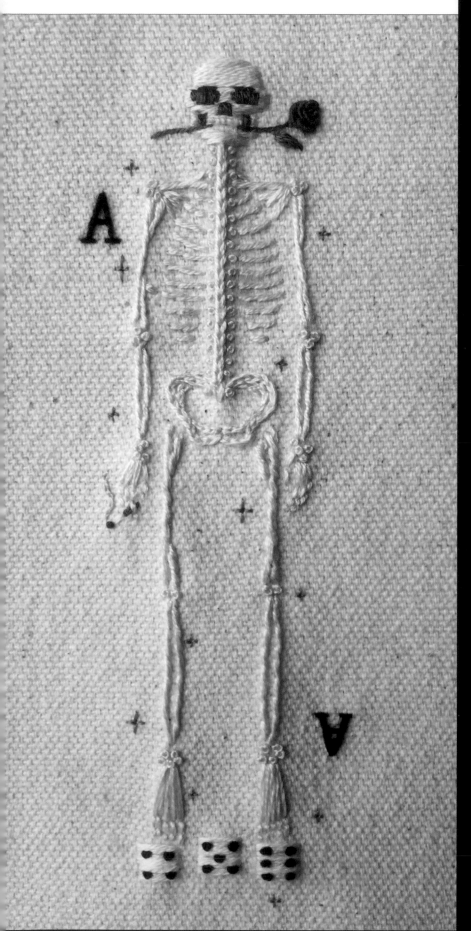

譯：編輯部

精巧針繡
TINYCUPNEEDLEWORKS.COM

藝術家布莉特・赫金森（Britt Hutchinson），或稱 Tiny Cup Needleworks（@tinycup_），接觸刺繡的時間大約只有三年，但她迷人的微型作品已讓她在 Instagram 累積了將近 76,000 名追蹤者。

她在拍攝作品時，經常以一枚硬幣做為比例尺，以突顯作品的微小尺寸。「挑戰在極小的空間內描繪出作品細節，能帶給我非常大的滿足感。」她表示。

儘管尺寸微小，她的作品總會讓人感到躍然「布」上。第一眼見到時，會覺得這些作品相當精緻恬靜，但當你繼續看下去，便會在它每一根針法中發現許多巧思。她會使用捲線結粒繡或法國結粒繡等技巧來賦與畫面絕佳的質感和立體效果。事實上，她對骨骼的喜好，就是啟發自法國結粒繡與脊椎骨形狀的相似之處。「我從那些形狀開始拼湊出圖像，就像拼圖一樣，」她解釋，「最後，我創作的過程變成是在融和傳統繡法與拼圖創作的概念。」

雖然她浪漫又神祕的作品中經常出現花朵、蠟燭、書本或月亮等圖案元素，其中的主角還是以頭骨和骨骼為主。「我的作品是以人類情感為基礎，而人體最核心處，其實就只有骨頭而已，」赫金森表示，「每一個人都可以將自身的情緒投射到我設計的圖案中，並可能在情緒反射回去時得到宣洩。就像是當你聽到一首很有感觸的歌曲，會讓你覺得似乎沒這麼孤單了一樣。這樣的連結能帶給我很大的慰藉和堅定感覺。」

——蘇菲亞・史密斯

CROWDFUNDING CHEATSHEET

文：加雷斯．布朗溫
插圖：安德魯．J．尼爾森
譯：屠建明

群眾募資隨著近期各種小眾網站竄起、支援服務生態的成長和股權式募資的興起等，變得難以捉摸。在和成功發起並資助專題的 Maker 和群眾募資業界人士對談後，我們整理出這一系列的技巧、祕訣和有用的資源，提供打算發起或贊助專題的 Maker 參考。

給專題提案者的建議

那些成功的專題提案者和我們分享了一些在發起專題的過程中、付出很高代價才學到且經常被忽略的課題。

瞭解情況再進場

啟動募資活動前，必須先做研究，而且要做充分的研究。請比較各種平臺的優缺點，並向曾經在這些平臺上進行募資的人請教。請蒐集吸引你的募資計劃，觀察它們如何執行，並思考有無能仿效之處。

介紹影片要精簡且直搗核心

成功發起過六次並贊助過380個募資活動的音樂家兼漫畫家「流行博士」（Doc Popular）表示：「介紹影片要精簡」。其他許多成功的專題提案者也得出了此結論。介紹影片其實就是廣告，在大多數的募資活動中扮演相當重要的角色，但提案者經常會不知節制。對多數專題而言，其實三分鐘的影片已足夠，而當你查看如 Kickstarter 等網站的後端數據時，如果發現多數人只看了影片一開始的一兩分鐘，也別意外。

更新資訊要有趣且明確

許多專題提案者對於在募資過程和後續持續為贊助者提供更新資訊而自豪。「我希望讓他們有參與感，因此我會儘可能地分享專題進度照片和大小事。」流行博士說，「即使募資活動已經結束，我也還會在日曆上設定備忘錄，提醒自己分享一些新消息。如果過程中我犯了什麼錯誤，也會及早和贊助者坦誠。雖然可能會引發抱怨，但我寧可及早處理，也不想逃避直到情況失控。」我自己在2013年曾成功為我的回憶錄《Borg Like Me》發起 Kickstarter 募資，那段時間，我也很認真地透過定期更新與贊助者分享消息並提供娛樂。許多贊助者都表示這是募資活動中最喜愛的部分，也很期待看到我的更新。

制訂回饋要小心謹慎

曾成功發起過四次募資專題的星穎（Shing Yin，音譯）則告誡 Maker 在制訂贊助者回饋時「不要提供一堆附屬產品和制訂奇怪的目標。一個成功的募資活動，重點在於送出一開始言明的目標，而不是送出一堆別針和T恤。」

山姆．布萊恩（Sam Brown，《MAKE》雜誌撰稿人、遊戲設計師和科技教育者）指出，此種對回饋過度承諾和低估的態度稱作「Kickstarter 地獄」。他補充，「如果你的募資活動在某個回饋層級賣出了20,000個單位，而將回饋物品裝箱、印出並貼上郵寄標籤、秤重和貼郵票需要六分鐘的時間，乘以20,000份後就是一個人一整年的工作。」這就是 Kickstarter 地獄。

用實際的態度計算（並重新計算）回饋價格

回饋的層級不要太多。Kickstarter 前任設計暨科技社群資深總監約翰．狄馬托斯（John Dimatos）說，在所有成功的募資活動中，5到7個贊助者回饋層級是最普遍的，而最典型的贊助層級是25美元，100美元的層級則常成為對活動貢獻最多的層級。

> 成本效益最佳的獎勵是虛擬獎勵：電子書、應用程式和其他能以低成本交貨的數位產品。

另外也要算出每個層級真正的價格，精密計算實際的成本，包括包裝、郵資，和其他所有將回饋物品交貨所需的成本，別忘了勞力！

和贊助者共同開發

那些最成功的群眾募資提案者，尤其是那些將群眾募資做為商業模式核心的人之中，很多都會讓贊助者參與開發最終產品的過程（或定義與發展延伸目標）。正因如此，許多群眾募資網站會不斷推出增進提案者和贊助者間溝通的工具，包括用電子郵件更新進度、專題頁面討論區和即時視訊串流及文字訊息等。在實際的創意開發過程中，若提案者和贊助者的互動愈頻繁，贊助者就會投注愈多資源在最終產品上。

準備完善的行銷計劃

這可能是群眾募資最容易被忽略的層面之一。在花了很多時間發起和維護募資活動時，你很容易會忘記從活動開始前到整個過程的宣傳也要花費同樣的時間。有許多提案者在活動發起時會規劃媒體宣傳，或許在快結束時也會，但在募資的過程中卻未能維持熱度。我原本也以為回憶錄的宣傳計劃已經很不錯了，但其實還需要多三倍的曝光率。

營造話題並提供激勵

那些最吸引我、最成功的募資活動都是在募資實際開始之前很久就營造了話題。好幾次，這樣的活動都讓我殷切期盼募資上線的日期，並且在第一時間搶到「早鳥」折扣贊助層級。許多提案者會用早鳥贊助層級做「軟上線」（soft launch），只對基礎客群和「親朋好友人脈網」宣布上線消息，接著大約24小時後再開始做主要的公關宣傳。如此一來，會有一波興奮的基礎客群贊助早鳥層級，等到其他人出現時，募資人數已經有了吸引人的數字。

仔細考慮Maker最佳化

我們很常聽到Kickstarter、Indiegogo和GoFundMe，但也有其他群眾募資網站和線上社群提供專為Maker和類似的小眾市場打造的群眾募資功能。有太多Maker技術領域的提案者——尤其是新手——未能瞭解的是，即使是單純的科技產品上市，都會帶來十分複雜的其他層面。為了這方面的需求，有些網站除了協助專題募資，也會協助專題進入生產和開發市場。

最成功也最完整的這類網站當屬Crowd Supply。當Kickstarter不希望被當做商店，不把Crowd Supply當做商店他們可是會生氣。自2013年開始，這家位於美國奧勒岡州波特蘭市的公司至今服務了約150名Maker，如辛普森星（Star Simpson）的弗里斯特·M·密馬斯三世電路（Forrest M. Mims III Circuit Classics）開發板、OnChip公司的Open-V開放矽材微控制器和安德魯·「邦尼」·黃（Bunnie Huang）的《深圳電子元件指南》（Essential Guide to Electronics in Shenzhen）。Crowd Supply會細心挑選他們經營的專題，只有「讓世界更精彩」的產品才看得上眼。選中專題後，他們會在規劃、資金、開發、製造和銷售等過程鼎力協助。他們也發表了一份要求專題達到的「使用者權益宣言」。

Baqqer的知名度還比不上Crowd Supply。如Baqqer創辦人（《MAKE》雜誌前員工）丹·蓋雷（Dan Gailey）所說，他們就和很多特定領域的服務一

> 群眾募資的替代方案如 **Patreon、Selfstarter和Ethereum**，可能更適合你的目標。

樣，目的是「為Maker提供絕佳的體驗」。他們想要在開發、募資和支援有趣專題的過程中，建立真正的Maker社群。「人生最重要的事情之一，就是為熱愛的事情建立社群。」蓋雷表示。Baqqer目前的規模還很小，而有多少這樣的小眾社群能長期經營也有待觀察，但看到這些針對Maker、科技文化和小規模高科技產品設計的服務的興起，仍令人十分感動。

認真考慮認證方案

針對提案者和專題的設計和發展是否健全的問題，認證方案也開始興起。認證是由具有可觀科技開發和製造經驗的第三方提供。他們會檢驗產品和募資計劃以及生產時程，如果達到標準，就會為產品背書認證。兩種針對Maker的方案來自Dragon Certified和Arrow Certified。Dragon Certified是收費方案；Arrow Certified（與Indiegogo合作）則免費提供給獲得認可的專題。Arrow也準備了「閃電融資」（flash funding，目前為1,000,000美元），用來贊助獲Arrow Certified認證的專題。

給專題贊助者的建議

我們訪問了曾贊助多項專題的Maker，請他們提供較不為人知的建議。

誠實評估風險容忍度

群眾募資都有一定程度的風險，所以別忘了出錢贊助的投機成分。務實地期待會更有樂趣。如果專題看起來不可靠，或是你不願意承擔損失贊助金的風險，就不要贊助很多錢。

「群眾募資現在還處於拓荒時代」，《MAKE》雜誌撰稿人、具有多次群眾募資贊助經驗的肯特·巴尼斯（Kent Barnes）表示，「買家自己要小心。Kickstarter、IGG這些網站必須要積極想辦法，讓贊助者能更安全地參與群眾募資。否則，詐欺和詐騙案例就會逐漸增加。」流行博士補充，「我希望課責能成為群眾募資的新潮流，例如，在提案者的專題完成前只提供部分贊助金額。這個做法可能有些嚴苛，但由於愈來愈多人有一朝

被蛇咬的經驗，群眾募資社群有責任重建流失的信任和可靠度。」

嚴格檢視

服務於知名硬體加速器HAX的班・約飛（Ben Joffe）說，「請注意專題說明和影片所透露出的言外之意，你會有很多意想不到的發現。在不少情況下，雖然提案者提供了很多細節，但仍然缺乏證據顯示他們實際做出了任何東西，而這通常是個壞兆頭。有時候，專題的可行性甚至都有問題。」自己的功課要做足，也要用直覺判斷。就如Crowd Supply的約書亞・立夫頓（Joshua Lifton）所說，「如果棒到難以置信，就別相信。」

小額、多方贊助

肯特對群眾募資所採取的策略，我採訪過的人大多很常使用。他贊助過600件專題，但其中有很多他只贊助最低金額。「只要加入一般是1美元的初階贊助，我就能收到專題更新。這麼一來就能追蹤專題，如果專題發展良好，會再決定要不要提高贊助金額。我喜歡這種用微融資幫助Maker專題的概念。這是個將新概念帶進市場、並直接贊助提案者資金的好方法。」肯特所贊助的專題中，有50件未成功（沒有達到募資目標）、16件遭取消或暫停執行。

《MAKE》雜誌撰稿人約翰・艾德格・帕克（John Edgar Park）累計在線上贊助過10件專題，只有一件最後沒成功。「我認為讓大眾、尤其是有創意的人有機會提出非常個人、創新和小眾的專題是很棒的事。」帕克表示，「群眾募資能讓他們在評估市場時感到安心，而且，它似乎能夠以風險相對低的方式服務『長尾』（long tail）市場。群眾募資能讓大家創造出怪誕、迷人又新奇的遊戲和玩意兒，又不會賠到脫褲。」

使用贊助管理員

現在有很多專題會採用贊助管理員，這是用來管理複雜回饋過程的第三方軟體。當募資成功，回饋物品準備出貨時，贊助者會受邀加入贊助管理員，這時他們可以選擇升級至更高的贊助層級，以獲得更高

的回饋。若以低層級贊助（有時可以低到1美元的「小費」），也經常能夠使用贊助管理員。如此一來就能看到募資活動的完整過程，以及有幾個延伸目標已經解鎖，讓你在高額贊助之前考慮這個募資活動值不值得投資。有些提案者甚至會講明在哪個贊助層級可以使用贊助管理員。如果不確定，你可以向專題的提案者詢問。

參與專題

大型的群眾募資平臺都會提供和專題提案者互動的管道。如果對某個專題特別期待，可以加入專題的贊助者社群，共同形塑最終產品。專題提案者很喜歡這樣的意見表達，因為這樣可以幫助他們改良產品，而你也會真正感覺到參與了這件產品的開發過程。

研究製造過程

群眾募資的一項附加價值，就是可以將它當做學習小規模製造和各種物品的製造方式的學習機會。流行博士r寫道，「我認為群眾募資能讓消費者更深入瞭解他們所購買的產品。我最喜歡的Kickstarter專題之一是克維拉（Kevlar）襪子。提案者自己做了功課，也取得製造商的報價，但開始生產後，問題卻一個接著一個。他很勤於發表更新，所以我現在對襪子的生產過程（和處理克維拉纖維會遇到的困難）有意想不到的瞭解。我為提案者感到可憐，但也很慶幸自己贊助了這項專題，因為我學到了更多關於生產日常衣物的知識。」

判斷專題的可行性

小規模製造服務商Dragon Innovation創立了Dragon Certified方案來為科技專題的贊助者建立信心。這個方案的目的是由受信任的單位提供認證程序，讓專題贊助者至少知道有業界的單位檢視過專題的技術、生產和市場可行性。

於此同時，為了協助評估群眾募資網站中硬體專題的可行性，群眾募資法律改革推動者（也是前任《MAKE》雜誌執行編輯）保羅・史賓瑞德（Paul Spinrad）也提倡組成一個志願性質的專題審查委員會。這個組織將會檢視提交的群眾募資專

題，並填寫通過、未通過、不確定的評估報告以及他們的評估意見。

Kickstarter時常提醒人們他們不是商店。群眾募資的重點應在於產品與市場和使用者社群的開發，而不只是讓顧客預購產品。如同HAX的班在接受《MAKE》雜誌採訪時所說，「對我們而言，Kickstarter就像是一名『提高知名度者』。如果募資活動成功，不只可以獲得資金，更可以吸引到投資人、經銷商、員工、媒體和其他助力。」他繼續說道，「我們將Kickstarter視為一種戰術，而非公司策略（也就是說，長期的成功並非來自群眾募資的結果）。我們的確看過在Kickstarter上僅獲得小幅成功，但後來大張旗鼓的公司（如Makeblock和Next Thing Co.）。而相對地，在Kickstarter上募資成功並不代表事後一帆風順，也並不『證明』在創新者和早期應用者之後會有市場。真正成功的證明在於新創公司不僅依約出貨，而且還繼續建立可擴充的銷售和配送系統。」◉

加雷斯・布朗溫
Gareth Branwyn
《MAKE》雜誌、《Boing Boing》和《Wink Books》撰稿人。他的最新著作是個人精選集兼《懶人回憶錄》（Borg Like Me（& Other Tales of Art, Eros, and Embedded Systems））。

Making That Matters 人道救援隊

非營利組織Field Ready為資源不足的偏遠地區提供救災和人道救援 文：DC 丹尼森 譯：謝明珊

1 馬克・梅勒斯（Mark Mellors）在尼泊爾重災區辛德胡波丘克的 Barhabise IDP 營地現場 3D 列印供水設備部件

2 Field Ready 的黛拉・達茲

3 泰瑞・強森（Taylor Johnson）正教導海地人使用 3D 印表機

4 拉姆・錢德拉（Ram Chandra）正在測試新的爐灶設計。

黛拉·達茲（Dara Dotz）是非營利組織 Field Ready 的創辦人，致力於應用 Maker 技能幫助受災地區及需要幫助的社群。這種新興作法有時候稱為「人道自造」（humanitarian making）。達茲與 Field Ready 曾於海地颶風重災區和尼泊爾地震災區進行救援。黛拉也是 Made in Space 團隊的一份子，這個團隊曾打造出第一臺不受重力影響的 3D 印表機，並發射至國際太空站。

Q. 對於想要將技能貢獻於面臨危機社區的 Maker，你有什麼建議？
A. 並非所有人都適合親自走進災區。有人可能是一名天才工程師，而我們需要他的協助。在 Field Ready，我們與一個很棒的團隊（humanitarianmakers.org）合作，以安全而實際的方式安插人員。Skype 也讓我們更方便尋求協助：即使那人不在現場，也可以協助設計原型，再由我於尼泊爾將原型印出來，並即時回饋意見。未來，這個過程會更容易、更方便。另外一種方式是從你自己的社區下手，尋找需要協助的人。

Q. Maker 如何感應到問題所在？
A. 社區會告訴你。人道自造就是要找出適合的解決方案——從在地民眾身上發現需求、與災民並肩作戰、確保當地民眾對你的設計和方案擁有發言權並能夠使用你所打造的東西。你必須創造這種能動性。

Q. 能否提供一些人道自造專題的例子？
A. 我們的另一位創辦人艾瑞克·詹姆士（Eric James）研究了飲用水衛生系統，並開發出新的淨水方式。在火人節（Burning Man）上，有一個「奉獻無工界」（Burners without Borders）團體，他們幾乎是從無到有打造了一座城市。Tikkun Olam Makers 則專注於打造輔助科技，花費三個月認識一個人，並為他量身訂做輔助裝置。

Q. 你的工具組有哪些重要科技？
A. 我們最常使用的應該是 3D 印表機。舉例來說，若尼泊爾發生地震，醫療器材可能會故障。雖然這些器材尚可使用，但已經相當老舊，難以取得部件。與其花費半年時間關閉診所，等待部件來到，不如使用印表機修好它。3D 印表機很適合製作其中的部件。有時候甚至可以解決供應鏈的問題。

Q. 你的救災 Maker 工具有哪些？
A. 我的大型行李箱中塞滿了我的工具，包括 3D 掃描機、3D 印表機、射出成型機、備用電腦、3D 繪圖板和一堆筆。用畫圖來溝通相當有幫助。我會畫出來然後詢問對方：「你的意思是這個嗎？」他們也會畫出回應：「不，比較像這樣。」

Q. 就實用性來說，有什麼技術還未成氣候嗎？
A. 3D 印表機！它們的功能可能很強大，但就某些層面而言，仍不適合救災使用。我在 ONO 的朋友自己打造了可放進手提包裡的 3D 印表機，大小和手機差不多，成本只有 99 美元！這可是天大的革命！

Q. 這個世界上還有什麼你想改變的事？
A. 真正的力量不在我們身上，而是我們將力量賦予他人後如何發酵。我一直在尋找新科技，想辦法讓它和其他世界產生交集。我稱之為摩爾定律的碎屑。一旦工具的價格下降，我就想試試看它對人們有沒有用處，並交給人們使用。我們正在研發搜救工具，例如利用混凝土起重機，將受困者從坍塌的建築物拯救出來，成本僅是傳統搜救工作的極小部分。它也是就地取材，如舊車的地毯。目前為止，它已經可以吊起 13 噸的重物！

Q. 雷射切割機在 Makerspace 中有著舉足輕重的地位。在搜救領域中也是如此嗎？
A. 當你在思考各種工具時，最重要的是關注人的需求。有時候，很棒的工具並不適合現場作業。有人可能會說：「CNC 工具機真的很棒，我們可以用它在海地建造房子！」然而，海地沒有樹，找不到木材。你真的會想將 CNC 工具機搬到那裡去嗎？海地有數百萬人失業，不如就地雇用 100 人，給他們 3 個月的時間工作，成本還比 CNC 工具機低廉。

Q. 除了災區外，你也曾在 Made in Space 工作，將整個製造專題送上太空站。這兩樣有什麼共通點嗎？
A. 其中一個共通點是供應鏈的問題。你可以想像將東西送上外太空是多昂貴和危險的事。你要將物資放上一個巨大的爆炸裝置，花費數百萬美元將送到太空軌道，並希望它對接成功，不要爆炸。前進災區也是同樣的道理，災區民眾身在一個極危險的地方，物資運送的成本也很高，你可能會遭劫，也可能會破壞環境。無論是外空或災區，我們都要設法適應極端的境遇。當人們與世隔絕，我們該如何提供支援，他們又需要什麼工具來靠自己度過難關呢？

你現在就可以聯繫的三個組織：
humanitarianmakers.org
tomglobal.org
fieldready.org

DC·丹尼森
Dc Denison
《Maker Pro Newsletter》編輯，撰寫有關 Maker 和產業的相關報導，同時也是《Acquia》資深科技編輯

完整訪談，與更多專業 Maker 的新聞和訪談，請上 makezine.com/go/maker-pro。

文：提姆・迪根　譯：花神

WORKSPACE FIRE SAFETY

工作空間的用火安全

不論你是在
住家、車庫、
Makerspace
還是倉庫作業，
都必須留意這些
基本原則

Hep Svadja

提姆・迪根
Tim Deagan

（@TimDeagan）喜歡在他位於德
州奧斯汀的工作坊中製造、印刷、
檢驗、熔接、鍍膜、彎曲、拴上、
黏貼、敲打和做夢。身為職業解決
問題者，他藉由設計、寫作和除錯
程式碼來養家活口。他是《Make:
Fire》的作者，並曾為《MAKE》、
《Nuts & Volts》、《Lotus
Notes Advisor》及《Database
Advisor》撰寫文章。

最近在美國加州奧克蘭一處DIY場所（又稱「幽靈船」，Ghost Ship）發生了一場令人心碎的悲劇事件，也促使Maker採取行動。大火發生時，現場正舉辦一場音樂表演，而唯一的出口——一道以棧板木搭建的樓梯——也因此被堵住，造成36人失去性命。火是人類最古老的工具之一，但我們不能掉以輕心，需要保持充分的警覺與準備，防止火焰造成可怕的破壞。我曾在德州舉辦的Maker Faire Austin 擔任火災與安全專員，花了許多時間思考如何才能讓大家盡情揮灑創意，同時確保安全。

隨著Maker的定義愈來愈廣泛，Maker的工作場所愈來愈普及，我們應該要加強我們的安全作業來保護自己也保護他人。公司團隊、Makerspace、車庫和Maker Faire在過去幾年來都持續增加，在這些空間當中，Maker舉辦了很多不一樣的活動，吸引大眾來玩或是來學習新知。這些群眾信任我們，因此，我們必須確保空間中參訪或工作的人們安全無虞。

無論你是在房子、車庫、Makerspace或倉儲空間工作，都必須留意基本的用火安全原則，也就是火源、燃料、應變和疏散。每一個主題都可以用一本書的篇幅來討論，我們在此僅介紹基本概念，讓你運用在工作空間裡。

> 許多人都想過這個問題，市面上也可以看到很多著述，其中，我最推薦貴·卡瓦爾坎蒂（Gui Cavalcanti）的這篇〈製造空間用火安全指南〉（makezine.com/go/industrial-space-fire-safety）。

火源

火源有時候很明顯，像是明火或加熱的物件等。然而，火也可能來自較不起眼的地方，例如摩擦、化學反應、電阻或熱輻射等。火苗可能會從各式各樣、不容易注意到的地方竄出，如：
» 因摩擦而生熱的電動工具刀片。
» 含有催化劑、快速加熱的玻璃纖維樹酯。
» 透過反射或折射聚焦陽光的物件。
» 過熱的電線或接線裝置（就像手機充電器充久了會發熱）。

火源也可能來自老舊的建築結構。根據

美國國家消防協會的報告，倉儲空間火災最常見的原因是配電系統產生的電弧和照明系統。

我們不可能列出所有潛在火源，但是大部分的問題都可以從作業、存放和規範三個方面來思考。哪些是可能的熱源（圖Ⓐ）？易燃物品和「進行中」的專題是否都有妥善存放？你的插座是否過載？（裝置和供電線路的電流週期是否在安全範圍內？）。請花一些時間去工作環境繞一繞，試著問自己這些問題。

燃料

當火源遇上燃料就會起火燃燒。可燃物品隨處可見：燃料、纖維、溶劑、清潔用品、顏料、木頭、紙、塑膠等不勝枚舉。移除所有可燃物品並不是實際的做法，但是我們可以進行確保它們不會暴露在火源的範圍之內（圖Ⓑ）。工作時，請隨時留意這些燃料（和更危險的氣體燃料）和火源之間的安全距離。

我們在工作時，很容易隨意堆放工具和可燃物，在空間狹小時尤為如此。如果時間很趕，你很容易就會把丙酮隨意放置。圓鋸的餘熱也可能在悶燒幾個小時後，因粉塵而冒出火焰。如果天氣很冷，你也會想把門窗關起來，使室內的可燃氣體濃度升高。儘管如此，將火源與燃料分離是不可輕忽的事情。

請花點時間去你的工作空間走走，試著找出可能會起火燃燒的物品，想像有一天這個東西著火了，可能是哪些原因？有些情況不太可能發生，但有時候也會有讓你意料不到的狀況。請妥善規劃你的空間，將風險降到最低（圖Ⓒ）。

火災應變

一個能偵測火焰或煙霧，並發出警報的系統是絕對必要的。不論大小，所有的工作環境都必須安裝火災警報器。請不要因特殊需求、避免產生假警報而關閉系統。更好的解決方式應該是加強室內通風（圖Ⓓ），或是移到戶外進行作業。

真的遇到火災時，你會沒有時間反應。工作空間應備有適合的滅火器，並放在容易取得、位置明顯的地方（圖Ⓔ）。請確保你的滅火器隨時可以應用，並熟悉正確的使

Ⓐ

Ⓑ

棧板木是方便應用於專題的材料，但也是火焰可口的燃料。請確保它們的存放處遠離任何可能的火源。

Ⓒ

在開始進行專題之前，請預設想你要如何存放及處理易燃物，如沾油的抹布。

選擇滅火器

在美國，火災分成以下五種：

A：一般固態可燃物（A代表灰燼，Ash）

B：可燃液體與氣體（B代表桶子，Barrel）

C：電氣設備（C代表電流，Current）

D：可燃金屬（D代表炸藥，Dynamite）

K：油脂（K代表廚房，Kitchen）

*臺灣請見內政部消防署全球資訊網

市面上有很多種滅火器，功能不盡相同，以下是常見的滅火器介紹：

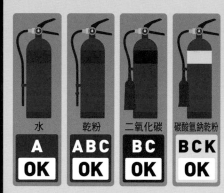

水	乾粉	二氧化碳	碳酸氫鈉乾粉
A OK	**ABC** OK	**BC** OK	**BCK** OK

» **水滅火器**。適用於A類火災，但如果用於電氣或油脂造成的火災，會非常危險。

» **ABC型乾粉滅火器**。最常見的滅火器，可用於三類火災，但使用的磷酸二氫銨具有腐蝕性，對健康可能造成危害。

» **二氧化碳滅火器**。適用於B類與C類火災，不適用A類火災，價格較高。

» **碳酸氫鈉乾粉滅火器**。適用於 B 類和C類火災，最近也開始對K類廚房火災銷售，碳酸氫鈉對人體的危害較磷酸二氫銨為低，噴灑時旁邊有人也較沒有關係，但是碳酸氫鈉滅火器不適用A類火災。

沒有一種滅火器是絕對完美的，但是寧可反應過度也不要反應遲鈍，如果你有時間評估火災屬於哪一類，並選擇正確的滅火器滅火，甚至用水、沙子來滅火，都是很好的選擇。但是當緊急事件發生時，若沒有時間評估，那ABC型乾粉滅火器會是最安全的選擇。

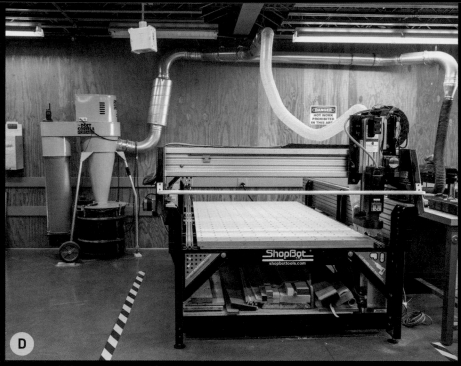

若你的工作空間要引進一臺重型機械，請務必規劃適當的通風系統。

滅火器要放在位置明顯的地方，並隨時可以取得應用。

用方式。也請對工作空間的Maker進行安全講習，讓他們知道在發生火災或緊急狀況時該如何應對。

疏散，也就是讓大家逃走

濃煙、火焰和恐懼都會妨礙空間中的人群移動。請規劃意外發生在不同區域時人員的疏散動線。最糟的情況就是出口被堵住。如果你無法規劃另一個出口，你必須妥善規劃你的空間，讓唯一的出口暢通無礙。此外，請務必設置明顯的出口指示，在能見度低時也可以清楚看到，即使是對空間不熟悉的人，遇到緊急事故的時候也能安全離開。

同樣地，對前來協助的救難人員也要規劃動線。帶著水龍和其他裝備的救難人員有辦法靠近工作空間嗎？周圍的停車場會不會停滿車子，導致消防車和救護車無法駛入？或許你永遠不會遇到這種情形，但事情發生時，必須要讓專業人員的專業更容易發揮。

空間安全

火災的基本考量放諸四海皆準，但不同空間也可能有不同的需要。雖然主要的威脅相同，但考量空間特性，需要留意的細節也有不同。

如何平衡
藝術自由與必要規範

車庫、家庭工作室這類的小型附加空間因為地方不大，可能會有空間規劃、工具和材料之間太擁擠的問題。這時就必須特別注意火源與燃料之間的關係。會發熱的專題可能要移到戶外施作。

辦公室、工業區原型設計工作室等中型空間需要考量的問題介於小型與大型空間之間。在辦公室中，最大的挑戰就是將人員快速疏散，安全地離開建築物。如果你在辦公室工作，應該要和同事約好疏散後的會面地點，以便在疏散後確定同仁狀況。如果是小型的工業用空間（像是木工工坊或CNC工作室等），產生高溫的工作會在室內進行，這時也要有明確的逃生計劃，然而設置可輕易觸及的滅火器、在危機尚未擴大時及時處理也很重要。

大型倉儲空間則通常另有特殊要求，我們提過倉庫火災最常見的非人為肇因就是老舊或損壞的電線走火。大型空間常會將老舊設備，甚至化學用品或油漆堆放在死角。除了疏散計劃與滅火器設置外，時常檢視空間是否有問題孳生相較之下也很重要。

奧克蘭「幽靈船」火災最讓人痛心的地方，就是一切可以不必發生。我們可以事先列出許多避免這場慽事的方法，或至少可以減少傷亡。然而，奧克蘭的空間並沒有按照法規申請許可改造，否則火災風險可以降低許多。身為Maker Faire的火災與安全專員、在工作上擔任安全主任一職；住在一間由80年老教堂改建的屋子、寫過一本打造安全火焰藝術專題的書、做過義消……我在撰寫本文的時候，還是會覺得自己有點虛偽。

我二十幾歲時曾住在一間倉庫（上圖）中，很像是發生奧克蘭火災的「幽靈船」倉庫。蓋·卡夫坎提（Gui Cavalcanti）將那種空間稱為倉庫窩，那個時候在德州塔拉赫西和奧斯丁只有三個類似的空間，我就住在其中之一。那個時候我相信（到如今我也依舊相信），這樣的空間是一個多元社會的創意發祥地。年輕時的我應該不希望現在的我忘記這種創意文化的價值。

北美洲有上千個這樣的空間，難道其中的藝術家或居民不能請承包商或督察員幫忙檢視空間，找出可能的意外危險因素嗎？當然可以，不過這樣一來，這些人就會受到法律規範限

制，還要付上幾百到幾萬美元不等的費用，付得起這筆錢的人通常也是所謂的仕紳，這批握有較多資源的人時常被認為會排擠原本在地低收入藝術家和Maker的生存空間。

這表示我們應該對暴露於工作或居住危險的人視而不見嗎？不，即使必須限縮某些可能性，我們也該照顧大家的安全。那麼，我們應該限制資源匱乏的藝術家和Maker的揮灑空間嗎？在我心靈深處，我也認為不必如此。

揮灑想像力與工作安全之間還是可以取得平衡。許多公司或社群會匯集資源，創立較大的工作空間，在奧斯丁就有像Burning Flipside Warehouse這樣的大型工作空間，只要加入會員，就可以共享資源。這些Maker必須遵守法律規範，活動受到限制，也不能住在空間裡，但是，成員都可以保持心胸開放，共享空間的資源。

如果想要對奧克蘭的悲劇做些什麼，就想想如何打造讓人安全揮灑創意的空間吧。創作藝術很重要，分享機會與知識也一樣。身為社群的一份子，我們應該將注重安全視為彼此照顧關懷的方式，而不只是必要的成本考量。

Hep Svadja, Tim Deagan

生物基地

廣泛又創新的DIY生命科學是Maker完美的開發領域

BIOZONE

自從蘇美人學會駭入酵母來製作啤酒開始，我們就從生物建構模組的發展上獲得了許多樂趣。然而，單單啤酒並無法創造整個文明。與發酵有關的實驗促進了描述生物分子的生物化學發展。而多虧了顯微鏡的發明，我們也認識了細菌理論以及疾病傳播的方式。

這樣的生物建構模組是目前已知規模最大的實作領域。一般研究電子學的Maker有大約150種元件可以使用。相對地，化學家可以使用超過2,000萬種合成化學品，而每年又會新增約100萬種。在CiteAb搜尋引擎上，有超過300萬種抗體。而這只是眾多類別的其中幾類而已。此外，還有與健康有關的專題：製作可以幫助人類身心健康的硬體。

我們可以將這塊廣泛的領域稱為「生命科學自造」（Life Sciences Making）——涵括了DIY生物學、健康科技、仿生學、DIY分子食物及其他活用元素、原子、細胞和生命等材料的課題。我們可以將它比喻成一位涵養相當豐富的新手。

醫療自造

醫療科技其實就是由Maker塑造的。1953年，約翰・希舍姆・吉本（John Heysham Gibbon）醫師打造了體外心肺機，並開放設計圖讓其他人可以DIY。1967年，平面設計師瑪格麗特・克瑞林（Margaret Crane）自製出可以在家使用的驗孕器材。我在麻省理工學院的團隊也發現了一個從1905年就開始嘗試駭入醫學的地下護士Maker社群。他們甚至還有自己的Maker刊物，在上面分享自己動手做的方法、設計圖及其為病人打造的硬體設備，持續活躍於醫療照護領域。

然而，隨著時間的推移，我們的醫療科技逐漸被醫療產業放入黑箱中，阻擋了Maker的參與——但Maker始終都還在。今天，有許多來自MakerHealth

（makerhealth.co）和DIY生物社群網絡、從事生命科學和健康的Maker們，持續推動著開放及便宜醫療儀器的發展。

不知從何開始嗎？不如先拆解並重新打造你在診療間看到的器材吧！在Instructables上有超過6,000種NERF玩具槍的版本。這個裝置（15美元）的構造可是比與它相似的醫療器材EpiPen自動注射器（605美元）複雜多了！——將兩種概念合而為一，你就做出了一個顛覆性的DIY專題了。一個由自行車驅動的噴霧器（10美元）的好用程度與市面上賣的（80美元）不相上下。Nightscout和OpenAPS社群的連續式血糖監測儀和胰島素泵浦則發想自OpenSprinkler灑水裝置，創造出開源的人工胰腺——製作方法可以在Facebook找到！開源瘧疾專題也讓藥物開發更加淺顯易懂，連高中生都能合成救命藥物，促進全球健康。OpenBCI也將過去晦暗不明的生理訊號監控開放給大眾。類似的例子多到說不完。

並不是所有的拆解與重造都很容易。抗體在藥瓶中都長得很類似：透明無色，而且無聊。但它們本身就是如此。你可以將這個過程想像成拆解電子產品時，發現每一個元件都沒有任何標示，而且都長得一樣。因此，你會需要儀器。請參考DIYbio、Prakash Lab、Tekla Labs、以及PLoS和HardwareX等期刊，你可以找到可以負擔得起的聚合酶連鎖反應儀（PCR儀）、離心機、只要1美元的顯微鏡、雷射切割的凝膠電泳槽以及由Arduino驅動的分光光度計等。

合作就是關鍵

你可以回想看看，無人機、便宜的微控制器、甚至是大眾化的烹飪是如何從少數人開始，逐漸成立社群、分享計劃並開源合作才壯大為現有的規模。我經常告訴一起工作的護士，如果他們持續創造並分享

荷西・戈麥斯馬奎斯
Jose Gomezmarquez
出生於宏都拉斯的科學家，帶領麻省理工學院的小型裝置實驗室（Little Devices Lab）團隊，也是MakerHealth和MakerNurse的共同創辦人。

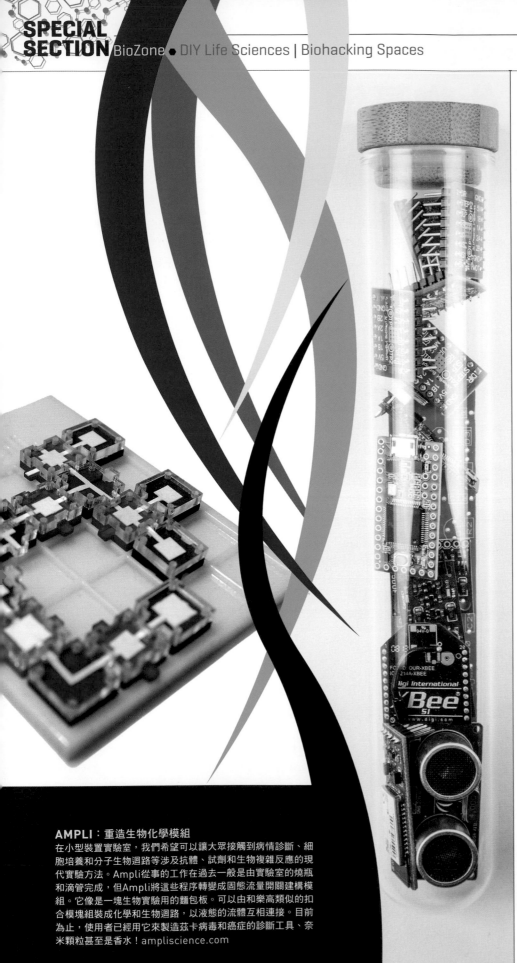

成果，相較於將成果留在手上等待有一天一炮而紅，更容易獲得成功。這是Maker會如何打破黑箱醫療科技的關鍵。這也是Counter Culture實驗室的開源胰島素專題的目的（P.37）。它們正打開一扇生物科技的大門。胰島素很早就為人發現，售價卻很驚人。OIP正在研究一種開源胰島素，將來也許能讓全世界4億糖尿病人口受惠。

一個成功的信仰體系，勢必就會有許多分支出現。我現在已經放棄對所有生物駭客、醫療自造和細胞改造等進行分類了。更多社群也代表有更多的生物建構模組。在麻省理工學院的小型裝置實驗室中，我們會為病患、醫師和護士們製作可以改造的生物建構模組，讓他們自製醫療裝置，包括智慧型氣喘吸入劑、LED驅動的診斷凝膠、以及一套與樂高相似、能進行生物化學反應實驗的積木模組Ampli（請見Ampli：重造生物化學模組）

我們也在醫院裡建立Makerspace，讓護士和醫生們搭個電梯就能接觸到3D印表機和其他如靜脈注射和病患監測開發系統等專業工具。平常的工作包括拆解醫療器材、開立與病患合作打造的原型處方、以及尋求製作下一個醫療界Arduino的方法。

健康的未來

未來有一天，我們會下載.stl檔案來列印藥丸嗎？或是用DIY試紙製作一臺Arduino血糖儀？或是將螢光生物迴路沖入地下水層來進行監測？這樣的場景不只正在發生，還能以少於100美元的材料做到。政府的政策也正逐漸跟上這股器材大眾化的風潮。身為Maker，我們有責任創造出對群眾有助益的醫療和生物部件。

Maker賦予了我們現代醫療和生物科技。大自然則提供了我們各式各樣的元件。雖然程序變得愈來愈複雜，但我們改造、提問以及將實驗開放給大眾的能力未曾消失。現在，研究生命科學的工具和社群將會重新開發細胞說「Hello World」的方式，提供可以拯救病患性命的原型。

Nikolas Albarran, American Journal of Nursing, Hep Svadja

AMPLI：重造生物化學模組

在小型裝置實驗室，我們希望可以讓大眾接觸到病情診斷、細胞培養和分子生物迴路等涉及抗體、試劑和生物複雜反應的現代實驗方法。Ampli從事的工作在過去一般是由實驗室的燒瓶和滴管完成，但Ampli將這些程序轉變成固態流量開關建構模組。它像是一塊生物實驗用的麵包板。可以由和樂高類似的扣合模塊組裝成化學和生物迴路，以液態的流體互相連接。目前為止，使用者已經用它來製造茲卡病毒和癌症的診斷工具、奈米顆粒甚至是香水！ampliscience.com

文：Diybio.org   譯：編輯部

BIOHABKING SPACES Near You

離你最近的 生物駭客空間

想要著手開始進行科學實驗了嗎？DIYbio.org整理了世界各地的生物實驗室和交流組織。仔細找找，裡面或許有你所在的地區，讓你可以著手開始打造專題。

美東

Asheville DIY Bio Meetup
阿什維爾，北卡羅萊納州
meetup.com/
Asheville-DIYBio

Baltimore Under Ground Science（BUGSS）
巴爾的摩，馬里蘭州
bugssonline.org

Capital Area BioSpace（CABS）
貝塞斯達，馬里蘭州
meetup.com/
CapitalAreaBioSpace

Boston Open Science Lab（BosLab）
波士頓，馬薩諸塞州
boslab.org

Genspace
布魯克林，紐約州
genspace.org

MIT DIYbio
劍橋，麻薩諸塞州
openwetware.org/wiki/
MIT_DIYbio

Open Bio Labs
夏綠蒂鎮，維吉尼亞州
openbiolabs.org

DIYbio South Carolina
哥倫比亞，南卡羅來納州
facebook.com/diybiosc

Cap City Biohackers
哥倫布，俄亥俄州
capcitybiohackers.org

Ronin Genetics
德罕，北卡羅來納州
roningenetics.org

Great Lakes Biotech Academy
印第安納波利斯，印地安納州
greatlakesbiotech.org

Try Sci
堪薩斯城，密蘇里州
trysci.org

DIYbio Madison
麥迪遜，威斯康辛州
meetup.com/diyBio-
Madison

MN DIYbio
明尼亞波利斯，明尼蘇達州
meetup.com/MN-diyBio

Harlem Biospace
紐約，紐約州
harlembiospace.com

Biologik Labs
諾福克，維吉尼亞州
biologiklabs.org

FamiLAB
奧蘭多，佛羅里達州
familab.org

Triangle DIY Biology
三角研究園，北卡羅萊納州
tridiybio.org

美西

Berkeley BioLabs
柏克萊，加利福尼亞州
berkeleybiolabs.com

Bio, Tech and Beyond
卡爾斯巴德，加利福尼亞州
biotechnbeyond.com

Denver Biolabs
丹佛，科羅拉多州
denverbiolabs.com

La Jolla Library Bio Lab
拉荷雅，加利福尼亞州
lajollalibrary.org/your-
library/bio-lab

Biodidact
洛斯阿拉莫斯，新墨西哥州
biodidact.net

TheLab
洛杉磯，加利福尼亞州
thel4b.com

Counter Culture Labs
奧克蘭，加利福尼亞州
counterculturelabs.org

PortLab
波特蘭，奧勒岡州
portlabdiy.org

DIYbio San Diego
聖地牙哥，加利福尼亞州
meetup.com/DIYbio-San-
Diego

Wet Lab
聖地牙哥，加利福尼亞州
wetlab.org

Indie Bio
舊金山，加利福尼亞州
sf.indiebio.co

HiveBio Community Lab
西雅圖，華盛頓州
hivebio.org

BioCurious
桑尼維爾，加利福尼亞州
biocurious.org

加拿大

Brico.Bio
蒙特婁，魁北克省
brico.bio

Nelson-BC-DiyBio
納爾遜，不列顛哥倫比亞省
nelson-bc-diybio.weebly.
com

BioTown
渥太華，安大略省
biotown.ca

DIYbio Toronto
多倫多，安大略省
meetup.com/DIYbio-Toronto

Open Science Network
溫哥華市，不列顛哥倫比亞省
opensciencenet.org

歐洲

ABiohacking
阿爾瓦塞特，西班牙
facebook.com/groups/
ABiohacking

Waag Society's Open Wetlab
阿姆斯特丹，荷蘭
meetup.com/Dutch-DIY-Bio

DIY Bio Barcelona
巴塞隆納，西班牙
diybcn.org

Biotinkering Berlin
柏林，德國
biotinkering-berlin.de

Open BioLab
布魯塞爾，比利時
openbiolab.be

Bio.Display
布達佩斯，匈牙利
biodisplay.tyrell.hu

Biomakespace
劍橋，英國
biomake.space

Biologigaragen
哥本哈根，丹麥
biologigaragen.org

DIYbio Ireland
科克，愛爾蘭
groups.google.com/
forum/#!forum/diybio-
ireland

Bio Art Laboratories
恩荷芬，荷蘭
bioartlab.com

Bioscope
日內瓦，瑞士
bioscope.ch

ReaGent
根特，比利時
reagentlab.org

Open BioLab
格拉茲，奧地利
facebook.com/
OpenBioLabGraz

DIYbio Groningen
格羅寧根，荷蘭
diybiogroningen.org

Biotop Heidelberg
海德堡，德國
biotop-heidelberg.de

DIYbio Kiev
基輔，烏克蘭
groups.google.com/
forum/#!forum/diybio-kiev

L' Eprouvette
洛桑，瑞士
eprouvette.ch

Hackuarium
洛桑／勒南，瑞士
wiki.hackuarium.ch

London Biohackspace
倫敦，英國
biohackspace.org

London Hackspace
倫敦，英國
london.hackspace.org.uk

BioChanges
倫敦，英國
meetup.com/BioChanges

Symbiolab
馬里博爾，斯洛維尼亞
irnas.eu/symbiolab.html

Biohacking
莫斯科，俄羅斯
vk.com/biohax

Biogarage
慕尼黑，德國
biogarage.de

DIYbio Belgium
那慕爾，比利時
diybio.be

OpenGenX
諾丁漢，英國
opengenx.wordpress.com

La Paillasse
巴黎，法國
lapaillasse.org

Project Biolab
布拉格，捷克共和國
brmlab.cz/project/biolab

BioNyfiken
斯德哥爾摩，瑞典
bionyfiken.se

Hackteria
瑞士／斯洛維尼亞
hackteria.org

Be.In.To
杜林，義大利
facebook.com/be.into.7

亞洲

F.lab
曼谷，泰國
facebook.com/
FLabDIYbioThailand

DIYbio Hong Kong
香港，中國
meetup.com/DIYBIOHK

BioRiiDL
孟買，印度
bioriidl.org

DIYbio Singapore
新加坡
diybiosingapore.
wordpress.com

DIYbio Israel
特拉維夫，以色列
groups.google.com/
forum/?fromgroups#!
forum/diybio-israel

BioHubIL
特拉維夫，以色列
facebook.com/
groups/1725450001000736

BioClub
東京，日本
bioclub.org

拉丁美洲

DIYbio Mexico
瓜納華托，墨西哥
facebook.com/groups/
DIYbioMexico

Biomakers Lab
利馬，祕魯
facebook.com/
groups/547202812114071

SyntechBio Network
聖保羅，巴西
syntechbio.com

Garoa Hacker Club
聖保羅，巴西
garoa.net.br/wiki/
Biohacking

Synbio Brasil
聖保羅，巴西
synbiobrasil.org

大洋洲

BioHackMelb
墨爾本，澳洲
facebook.com/
groups/698017880316967

DIYbio Perth
伯斯，澳洲
facebook.com/groups/
diybioperth

BioHackSyd
雪梨，澳洲
meetup.com/biohackoz

DIYBIO.ORG
創立於2008年，致力於建立一個活躍、多產又安全的DIY生物學家社群。他們相信讓大眾認識生物科技有助於造福每一個人。

DIY SCIENCE

DIY科學

這些專題和資源將帶給你許多實驗的靈感

　　無論你是想要將車庫改裝成超級實驗室，還是只是想要嘗試幾個有趣的實驗，這些專題也許可以為你提供一些動手做的靈感。

麗莎・馬汀
Lisa Martin
來自舊金山的作家，對科技和它如何為人們帶來便利生活相當有興趣。

文：麗莎・馬汀　譯：編輯部

Marije Dijkema, Backyard Brains, U.C. Riverside, Christoph Jäckle, Hep Svadja, BITalino, Kemal Ficici, Tomek Whitfield/Waag Society

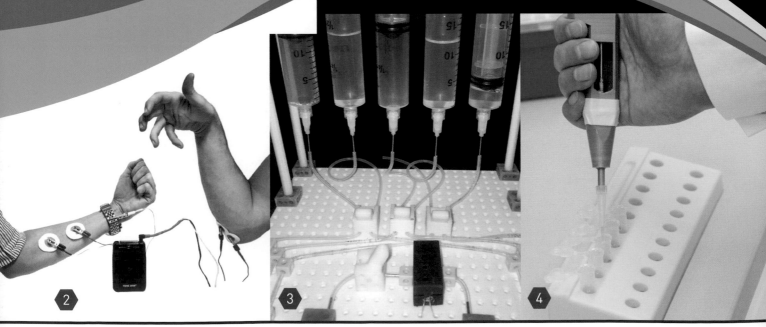

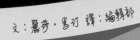

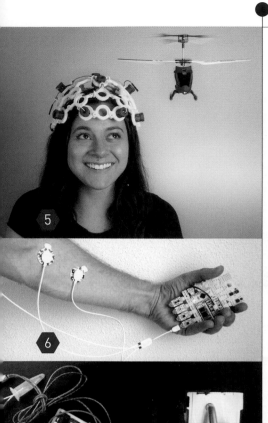

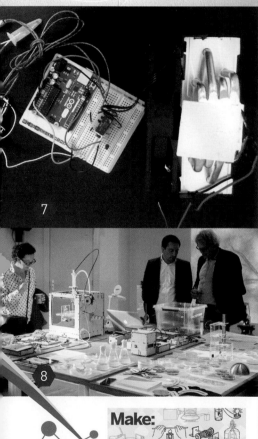

❶ 代理獨角獸
iq.intel.com/unicorn-wearable-uses-neuroscience-to-help-kids

阿努克・韋伯克（Anouk Wipprecht）設計了這個有趣的獨角獸角，提供ADHD（專注力失調及過度活躍症）研究者使用，讓兒童在做腦電（EEG）檢查時能感到更放鬆、更好玩。這組感測器能偵測到表示注意力增加的腦波變化，並用攝影機將過程記錄下來。

❷ 人人介面
makezine.com/2015/05/13/use-emg-control-friends

愈來愈多的Maker都在探索以神經控制裝置的方法，然而，Backyard Brains的格雷格・蓋奇（Greg Gage）卻想要用肌電（EMG）來控制比機器人更有趣的——人！透過DIY的人人介面，你可以從你的肌肉傳送訊號至朋友的肌肉，命令他們動作。

❸ 生物化學樂高
makezine.com/go/biochemistry-tool-blocks

來自加州大學河濱分校的研究團隊創造了一組類似於樂高的積木系統，能快速打造可用的生物或化學儀器。這套系統名為MECs（Multifluidic Evolutionary Components），提供各種簡易功能如閥門、泵取、控制和感測等，且可以重新排列以完成不同的任務。

❹ 3D列印你的實驗器材
makezine.com/go/3d-printed-lab-gear

3D列印實驗器材是讓你打造家庭實驗室的好開始。你可以找到非常多的開源裝置，例如以Raspberry Pi製作的顯微鏡、離心機和注射泵等——這篇期刊文章列出了許多Maker可以參考的選擇。

❺ 腦波直升機
makezine.com/go/openbci-braincopter

利用OpenBCI公司出品的控制板和電子元件，業餘科學家可以用輕鬆又便宜的方式進入腦電、心電（EKG）和肌電的世界。透過其開放協議，你可以偵測健康資訊及腦波活動，並利用這些數值來啟動或控制無數的專題。這是其中一個很酷的例子：利用你腦中的alpha波來控制這臺玩具直升機。

❻ 生物駭客控制板
makezine.com/projects/use-bitalino-graph-biosignals-play-pong

BITalino (r)evolution是一個內建生物訊息感測模組的微控制器，能將你的身體轉化為輸入值。使用這塊板子，只要移動你的手臂就可以玩經典街機「乒乓球」，或是用你的心跳、腦波、皮膚電導或肌肉訊號來發揮更多創意。

❼ 在家複製DNA
makezine.com/go/replicate-dna-home

若要從事基因組作圖、識別病毒及細菌及診斷基因異常等實驗，複製DNA是必要的程序之一。然而，能夠複製基因的實驗器材動輒就要10,000美元以上。這組DIY聚合酵素鏈鎖反應核酸增殖儀是高中生可負擔的替代選項。

❽ 開源生物駭客教室
waag.org/en/project/biohack-academy-biofactory

BioHack Academy提供了一套為時10週的線上課程，內容從生物科技入門到自行組裝14種實驗器材都有。即使你沒有參加課程，你也可以在他們的網站上看到過去的課程影片，也可以在GitHub上找到實驗器材檔案。

❾ 打造自己的實驗室
makershed.com/products/the-annotated-build-it-yourself-science-laboratory

在1960年代，如果你想要打造自己的科學實驗室，你很可能會參考雷蒙德・E・巴雷特（Raymond E. Barrett）的資源。這個更新版本除了有巴雷特的原器材及實驗外，還新增了來自邪惡瘋狂科學家實驗室的溫德爾・H・歐斯克（Windell H. Oskay）的現代建議。◑

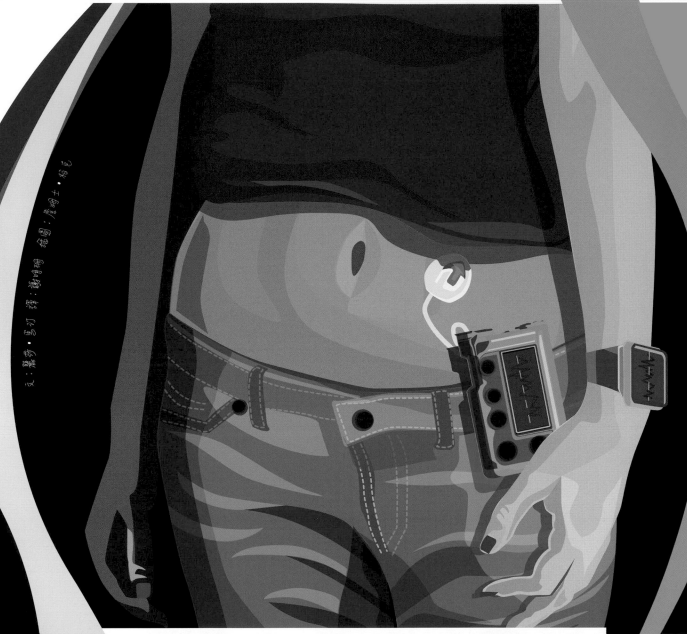

文：麗莎・馬汀　譯：謝明珊　圖：王俊理・柏克

DIABETES AND DIY

糖尿病與DIY

有需要的Maker正在取得能改善生活的人工胰腺技術

麗莎・馬汀
Lisa Martin
來自舊金山的作家，對科技和它如何為人們帶來便利生活相當有興趣。

黛娜·路易絲（Dana Lewis）為了改善糖尿病患的生活，花了三年時間改良一套DIY人工胰腺系統——並讓其他人也能輕易地開發這套系統。

這項專題稱為開源人工胰腺系統（OpenAPS），只要有 Raspberry Pi 或 Intel Edison 等微控制器，就可以使用連續式血糖監測儀（continuous glucose monitor, CGM）所蒐集的數據，來微調胰島素泵浦所輸出的基礎胰島素。透過應用程式的回報，糖尿病患可以知道他們做了哪些可能讓胰島素意外升降的事情（例如坐下來享用大餐或跑馬拉松），有助於自動管控糖尿病，長期維持血糖穩定。

說有生命危險似乎有點危言聳聽⋯⋯但這就是糖尿病患的常態。

警示音問題

路易絲本身是獨居的第一型糖尿病患，她需要配戴有響亮警示音的血糖機，否則她熟睡時會聽不見警報聲。她只是希望製造商能把警示音調大聲一些，以免她睡得太熟，無法警覺血糖過低而死，卻屢遭製造商拒絕。

「我不斷地要求製造商調高警示音量，」路易絲表示，「但他們總是回答，『音量夠大了，大多數人都能叫得醒』，但這種音量根本叫不醒我，讓我非常沮喪。」

還有一件事也令她灰心不已，她一直無法即時取得血糖機的資料，不然她就可以自己做一個血糖警報器。

取得控制權

2013年11月，路易絲意外發現約翰·柯斯提克（John Costik）在推特上提到他如何取得兒子血糖機的資料，這帶給她以及無數糖尿病患家屬希望，同時催生了一項活動「我們不再被動等待」（#WeAreNotWaiting），活動成員是一群不想坐以待斃等待廠商推出合適儀器的人，她開始主動出擊。

有了柯斯提克的協助，還有開源社群熱心分享資料，她更加瞭解血糖機和胰島素泵浦的原理，她終於能夠展開行動，一年內她就和男友（現為丈夫）史考特·萊布蘭（Scott Leibrand）放棄原本的客製警報器計劃，轉而研發演算法來解讀血糖機資料，並傳送正確的指令給胰島素泵浦，主動調整劑量、關閉迴圈，成功打造出她的第一條DIY人工胰腺！

透過OpenAPS，Lewis的個人專題從此變成了開源社群專題。「我和史考特成立了OpenAPS社群，主要想推廣人工胰腺技術，讓更多人能夠使用。」她表示。

他們在網站openaps.org上以淺顯易懂的方式說明如何設定OpenAPS，也鼓勵使用者撰文和詢問，幫忙讓OpenAPS與更多裝置相容。

計算風險

除了既有的糖尿病裝置（連續式血糖監測儀和胰島素泵浦）外，整套系統都是100％自製。路易絲表示：「目前有幾種客製化方式，一是搜尋社群既有的工具，二是自己找出替代工具，你可以使用社群審核過的演算法，也可以自己開發演算法，來驅動整套系統的決策過程。」值得注意的是，這並非「設定即忘」的系統，OpenAPS在網站提到，「使用者仍需主動管控自己的糖尿病，完成基本照護工作，例如確認胰島素劑量和血糖、校準血糖儀到改變泵浦位置。」

目前，OpenAPS尚未獲得美國食品藥物管理局（FDA）核准，因此有興趣者只能自己DIY。使用未獲核准的裝置是有風險的，但OpenAPS使用者大多認為值得冒險一試。「說有生命危險似乎有點危言聳聽⋯⋯但這就是糖尿病患的常態，」路易絲表示，「病患一不小心就可能在睡眠中死於血糖過低，長期低血糖也可能會有併發症。」

我在寫這篇文章時，至少已有247人採用OpenAPS來管控糖尿病，他們的社群則已登錄約95多萬小時的紀錄。

我們的目標是想推廣人工胰腺技術，讓更多人能夠使用。

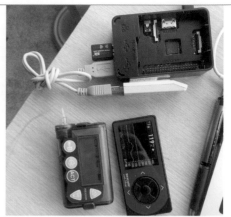
早期的 OpenAPS，包含胰島素泵浦、連續式血糖監測儀和 Carelink USB。

黛娜·路易絲的 Pebble 智慧型手錶，顯示她的血糖和人工胰腺活動。

利用手作木盒來裝 OpenAPS 人工胰腺，可放在包包隨身攜帶。

只要轉開蓋子，即可在夜晚充電。

Dana Lewis, Tim and Sarah Howard

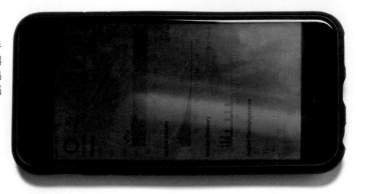

OpenAPS 使用裝置：手機可監測趨勢，接收器可傳輸血糖資料，胰島素泵浦，RileyLink 可遙控泵浦。

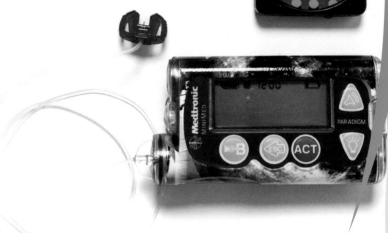

從糖尿病出發的健康管控系統

NIGHTSCOUT

nightscout.info

Nightscout也是項開源專題，讓連續式血糖監測儀的使用者能夠即時取得血糖資料，並把資料輸入雲端空間，不僅可作為OpenAPS的瀏覽器顯示平臺，亦可檢閱手機或智慧型手錶的資料，或者遠距監控第一型糖尿病童。

EPIPENCIL

makezine.com/go/epipencil

EpiPens可以在病患出現危及生命的過敏反應時，管控腎上腺素的急症劑量。隨著EpiPens的售價驟升為300美元，Michael Laufer特別拍攝了一段影片，教大家利用常見的糖尿病裝置來製作EpiPencil，若不含腎上腺素（腎上腺素需要醫師處方），EpiPencil的成本不到35美元。

雖然不是所有人都適用DIY的做法，但有選擇的機會就是一大進步，至少不用年復一年的枯等。

自由選擇

「科技日新月異，我們總算有權利決定要不要等待廠商推出適合的產品了。」路易絲表示，「我感到相當自豪，多虧了OpenAPS社群，我們這些擁有相容裝置的糖尿病患，可以自由選擇DIY或等待產品上市，雖然不是所有人都適用DIY的做法，但有選擇的機會就是一大進步，至少不用年復一年的枯等（我已經跟第一型糖尿病共存14年以上，聽了『這項技術再過不久就會實現』的聲明無數次，卻經常希望落空）。」

經過多年等待，第一個FDA核准公開上市的封閉式迴圈系統即將在2017年春天上市，但這並不代表OpenAPS社群就會畫下句點。路易絲説，「即使有一兩個新系統上市，它們也不一定臻於完美，也不是所有人都買得起。OpenAPS社群仍會運作下去，協助製造商改善系統功能，讓產品更快上市。」 ◢

THE OPEN INSULIN PROJECT

胰島素開源計劃

生物駭客正在開啟製作學名藥之門

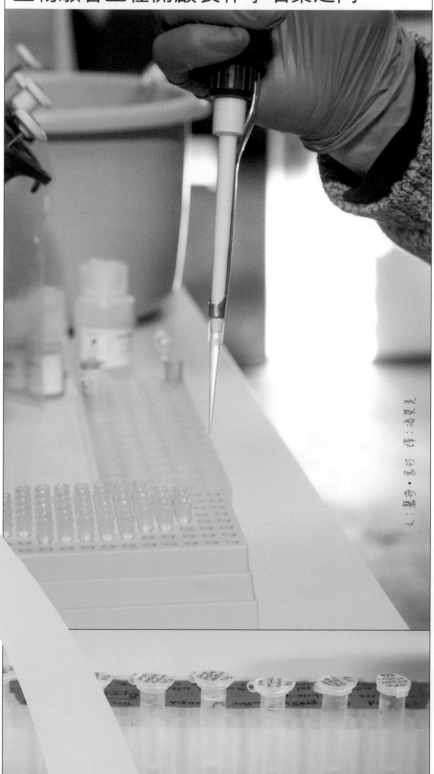

文：葛列格‧吉布 譯：屠建文

Hep Svadja

醫學專利的有效期限通常是二十年。 然而，胰島素的專利則因微小卻定期的製程調整，維持了將近一世紀。開源胰島素（Open Insulin）專題團隊則想要推動新的製藥協議來改變這樣的情形，使學名藥製藥公司能以低成本生產這種從1922年以來備受糖尿病患依賴的藥物。

「糖尿病治療的科技，幾十年來進展有限，這對我而言是相當沮喪的事，對許多與糖尿病共處的人而言也是如此」，開源胰島素的推動者之一安東尼‧迪‧法蘭柯（Anthony Di Franco）解釋，「無論是直接或間接，我們都希望能夠為胰島素的普及盡一份心力。」

迪‧法蘭柯於2005年被診斷出第一型糖尿病。他最初曾想要嘗試改造的糖尿病裝置是閉環系統及DIY泵浦。2011年，他與合夥人創辦了位於加州奧克蘭的生物駭客實驗室 Counter Culture Labs（非主流實驗室），在當時，要打造一臺可以用來製造胰島素的生物反應器仍屬天方夜譚。2015年春天，迪‧法蘭柯認識了有研究胰島素相關背景、曾在 Arcturus BioCloud 工作過的以撒‧米元（Isaac Yonemoto）。Arcturus BioCloud 是一家提供DNA合成服務的新創生技公司。這讓開源胰島素變得可能。他們成立了討論小組、成功募資到實驗經費並從2016年1月開始進入實驗室程序。

「我們正在嘗試的主要方法，是從大腸桿菌中萃取出人類的胰島素元，並將分子打破，仿照人體內的化學反應，以酵素和化合物催化重組為胰島素。」迪‧法蘭柯表示。

目前，該團隊已經成功抽取出胰島素元，正在進行確認。下一步就是打破並重組胰島素元、製作出胰島素。他們知道初步製作的胰島素不夠純、不夠大量，尚無法量產。但是他們已經計劃尋求「設備健全的製造廠或學術機構實驗室，能以完善的設備正式生產」的合作夥伴。

「我們志在建立一個里程碑，讓人了解生物駭客在足夠的資金與適當的實驗設備下能做到的事，並透過分享知識來啟發更多人完成更加雄心壯志的專題。」迪‧法蘭柯說。「我希望長期下來，我們做的事能激勵同樣缺乏資源的人們，不只是複製大型實驗室或藥廠的模式，而是做出真正的創新。」 ◗

你可以在openinsulin.org網站追蹤他們的工作。

BUILD YOUR OWN
DIYBIO LAB
打造自己的生物駭客實驗室
這些工具能讓你著手展開專業的科學實驗

派翠克・迪赫塞勒
Patrik D'Haeseleer
一位科學家、工程師、改造者、生物駭客及瘋狂點子製造者。他是位於加州奧克蘭 Counter Culture Labs 公司的共同創辦人。

文：派翠克・迪赫塞勒　譯：屠建明

Hep Svadja

高壓滅菌器　　　　　保溫箱　　　　　離心機

你想要成為生物駭客是吧。要打造專業實驗室，從無到有需花上好幾十萬美元，但只要一些創意和耐心，用500美元也能做出有模有樣的實驗室。

大型設備

我們先從會佔據實驗室最多空間的物件開始談吧！包括冰箱、冷凍庫、高壓滅菌器和保溫箱。如果你只是想在家製作一些生物科技教學套件，大概只要把家裡的冰箱清出　些空間即可。但如果你的野心比簡單的周末專題還要龐大，就需要為你的實驗投資專用的冰箱和冷凍櫃。市面上絕大多數的教學套件都很安全，但初學者可能會不知道一些典型的實驗（例如分離未知的細菌）樣本如果放在食物附近，可能對健康造成重大影響。而且，你遲早會需要額外的空間的，專用的設備可以防止實驗樣本和食物交叉汙染。

迷你**冰箱**在Craigslist網站上有時候不到50美元就能買到，或在Freecycle也可以免費取得。請儘可能避免頂部有小冷凍庫的機型，因為裡面會結冰，空間也太小。請找和冰箱相同尺寸的迷你**冷凍庫**，或有冷藏／冷凍功能的雙門冰箱。很多現代家用冷凍庫有自動除霜功能，也就是會在一天中將冷卻線圈加熱數次來防止累積結冰。這種設計會造成溫度波動，對限制酵素等敏感的生物物質有不良影響。你可以找看看有沒有解除自動除霜的方法，或乾脆將酵素放進保麗龍盒子再放進冷凍庫。

高壓滅菌器其實就是大型的壓力鍋，用來將培養基加熱至水的沸點以上進行殺菌。因此，一般的壓力鍋就可以當做高壓滅菌器使用。其實連微波爐都能用來為培養基殺菌，但要小心閃急沸騰！若你打算要升級，專業的高壓滅菌器在Craigslist也意外地好找。請找直徑7"以上的高壓滅菌器，才能放入夠大的燒瓶。這部分可能會花費你數百美元。

保溫箱是用來以精密控制的溫度培養細胞。在二手店說不定就能找到舊的孵蛋機或優格機來使用。也可以自己做一個，只要在舊冰櫃裡裝加熱墊和恆溫器即可。寵物店就有販售用來為爬蟲類寵物保暖的加熱墊。

工作臺工具

離心機是用來從液態培養基萃取細胞，以及從複雜的混合物分離出DNA、蛋白質和可溶物質的好工具。大師級生物駭客Cathal Garvey（@onetruecathal）曾設計了一款可3D列印的Dremel離心機，裝上Dremel電動工具就能轉動。但是除非3D印表機經過精密微調，列印出的離心機很常會在高速旋轉時碎裂。從Shapeways可以訂購高品質的Dremel離心機，但同樣的價錢已經可以在eBay上買到便宜的離心機了。轉速約4000RPM的中國便宜機型50到100美元就有，也可以買150美元左右的10,000RPM機型（依照這裡的說明也可以3D列印自己的離心機）。

商業級的**凝膠電泳機**要價可達數千美元，但它其實只是DC電源加上有兩個電極的塑膠盒。用五金行買的調光開關和橋式整流器就能做出超便宜的電泳電源。凝膠盒本身則可以找一般的塑膠盒，加上鋼或白金材質的線做為電極（可以參考Cheapass Science的這款21美元凝膠盒設計）。

你可能也需要**PCR（聚合酶連鎖反應）機器**。同樣地，商業級的設備要價好數千美元，但網路上有好幾種DIY設計可以使用，OpenPCR還售有開源硬體的PCR套件，只要599美元。如同多數的生物科技硬體，很多來自專業實驗室的二手器材最後都會在eBay和Craigslist上面賣。獨立線上生物駭客商店The Odin則是不斷收購便宜的二手PCR機器，翻新後轉售。

你會需要規劃出可操控微生物，同時不怕汙染的無菌區域。新手可以使用**酒精燈**或**本生燈**的裸火。簡單的**層流櫃**常用來做藻類或植物組織培養，它會讓經HEPA過濾的超純淨空氣流過培養基上方。如果要做專業級的實驗，可以升級到**生物安全櫃**。專業實驗室有時在搬遷的時候會留下生物安全櫃，所以如果有人脈，再出點苦力，說不定就能免費拿到。

實驗室耗材

若要精確地控制少量液體，你會需要一組可調式**移液器**。The ODIN和其他商店有販售便宜的中國製移液器，每件約40美元。你至少需要兩三種不同尺寸來轉換以微升到毫升計量的液體。

其他也會需要的小器材包括**數位溫度計**、精確度達0.01g以上的**數位磅秤**、**橡膠手套**和各種**玻璃和塑膠容器**（去附近的百元商店找看！）。

祝你實驗愉快！ ⬛

Patrik D'haeseleer, Scott Covington/USFWS, SparkFun

文：葵緹麗・勒吉柏　譯：呂紹柔

BIOPRINTING PIONEERS

生物3D列印先驅

這些團隊正在引領製造細胞的風潮

Bonnie Findley

於去細胞的蘋果切片中培養的人類細胞（左），及一片削成耳朵形狀的蘋果（右），Pelling 實驗室製作。

葵緹麗・勒吉桃 Quitterie Largeteau
（@QuitterieL）免疫學博士及科學傳播者。和奧瑞麗安・戴莉（Aurélien Dailly，@dailylaurel）一起創立了 Biohacking Safari：biohackingsafari.com

全球 **Maker** 與生物駭客之間最主要的橋樑，應該就是強大的 **3D 印表機**了。他們之間顯著的差別在於，生物駭客使用的並不是塑膠材料，而是使用生物材料來打造 3D 構造，並採用由活生生的細胞組成的特殊生物連結來列印訊息或圖案。

BioCurious：生物列印的起源

位於北美的 BioCurious 是生物駭客社群的必經站。這個先驅空間位於加州桑尼維爾，駐有多位優秀的人才一起合作進行

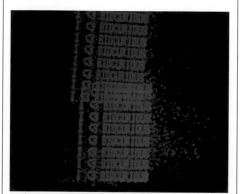

BioCurious 首創佳績的 150 美元 DIY 生物印表機：能用噴射印表機噴頭將發光的大腸桿菌列印於洋菜上。

於 BioCurious 測試海藻酸 DIY 的可能性及可使用的生物墨水。

DIY 生物列印專題。他們的生物列印冒險始於 2012 年的第一場聚會。根據和瑪麗亞・迪赫塞勒（Maria Chavez）共同領導此專題的派翠克・迪赫塞勒（Patrik D'haeseleer）表示，他們希望能找到可吸引新人迅速加入並合作的社群專題。雖然沒有一位專題領導人有具體的生物列印應用想法，也沒有人有打造這類型印表機的先備知識。不過這樣的科技看起來仍然可行，有機會可以嘗試。

「你可以直接使用一般市售的噴墨印表

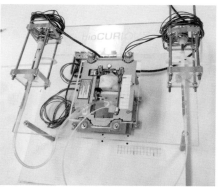

BioCurious 早期的印表機：將 11 美元的注射泵浦安裝在用 DVD 驅動器製作的平臺上。

於 BioCurious 手動噴射生產的海藻酸凝膠。

機。將市售的墨水匣切除一部分，倒出墨水，並將別的東西裝進去，這樣就可以列印了。」迪赫塞勒解釋。

BioCurious 最初以天然的植物性阿拉伯糖取代墨水，列印出一張大咖啡濾紙。它們將濾紙放在培養皿中的大腸桿菌上，阿拉伯糖所在的地方會形成綠色的螢光蛋白。在列印阿拉伯糖之處，細胞就會發光。

將市售印表機做出這樣的改動具有很大的挑戰性。「你可能需要重設印表機的驅動程式，或拆掉處理紙張的機械部分，才能進行你想做的事情。」迪赫塞勒表示。

也因此團隊打算從無到有，打造自己的生物印表機。他們的第二代印表機使用的是 CD 驅動器的步進馬達，以墨水匣做為噴頭，並使用開源式 Arduino 控制板驅動——一臺 DIY 生物印表機，只要 150 美元，就在 Instructables。

接下來，也是目前的挑戰，便是要處理墨水的濃度問題。市售墨水匣適用於水性的墨水，但是生物墨水需要的是膠狀的高黏度材料。DIY 生物印表機團隊嘗試了不同的注射泵浦設計，希望可以用「生物噴頭」來射出少量的黏性液體。

邁向 3D

從現有的 3D 平臺著手，似乎是將 2D 圖案帶往下一個階段最好的做法。這個團隊一開始先在現有的 3D 印表機上直接安裝生物噴頭。然而，他們若要設計出能夠販售的機型，則需要更複雜的工程，軟體也需要調整才能讓列印過程更加完美。經過了幾個月，他們來到了死胡同。

他們接下來的嘗試則是受到 RepRap 系

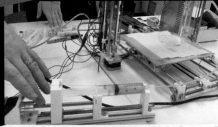

使用開源式注射泵浦,將 RepRap 改造成 BioCurious 最新 3D 生物列印平臺。

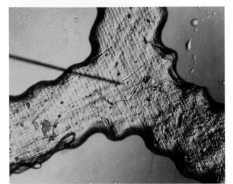

BUGGS 用生物相容性樹脂製作的生物光聚合列印成品。

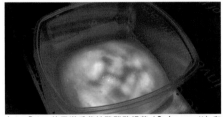

JuicyPrint 使用漢氏葡糖酸醋酸桿菌(G. hansenii)和果汁,由細菌纖維素製造出可用的形狀。

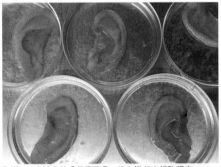

Pelling 實驗室的「蘋果耳朵」正在進行去細胞程序。

Counter Culture 實驗室的幽靈心臟(ghost heart)只剩結締組織,其他細胞都被移除。

列 3D 印表機的影響。此生物列印團隊購買了一臺開源的印表機套件後,得以將塑膠噴射噴頭換成可彎曲的管子,連接到一組注射泵浦。這個方法成功了。

「RepRap 社群使得整個 3D 列印革命變得可能。」迪赫塞勒說道。

很快地,3D 生物列印社群便出現了。他們在家中或是生物駭客空間進行實驗,如 BioCurious、BUGSS、Hackteria 等地,並將他們的實驗分享出去。

與生命共事

生物列印最令人夢寐以求的,便是生產可供移植的 3D 器官。要改造人類或哺乳動物的細胞是非常複雜的一件事,必須要有人每天待在實驗室裡照顧細胞,並儘可能地維持無菌的狀態。由於種種阻礙,生物列印團隊目前的長期專題,便是打造一個用來驗證概念的機能性植物器官,讓其能進行光合作用。也就是一片人工葉子!

目前尚未有太多和植物細胞相關的專題,仍有許多研究的空間。你必須先知道你需要使用何種細胞類型、如何讓細胞連結、3D 結構的葉子會長什麼樣子等。迪赫塞勒表示,3D 列印植物細胞比起哺乳類動物細胞,更適合 DIY 社群實驗室。

不管成功與否,這件事最有趣的部分在於測試以及觀察實驗對象如何生長。即使生物駭客對研究的潛力大感吃驚,但對他們來說,商業上的應用並非唯一目的。

「我們並非以目的為取向,並非想要以生物列印創業、販售商品、賺進百萬把美元……因為並沒有太多植物急需進行葉子移植!我們參與這項專題是因為很有趣。我們每一週都有進展。」迪赫塞勒說。

用植物細胞進行 3D 生物列印

列印植物細胞的第一步,便是研究要使用何種材料,才能支撐細胞直到它發展完全並產生連結。BioCurious 現有的一些實驗,是利用一種名為海藻酸的凝膠狀材料,這種材料具有相當有趣的特性。海藻

酸鈉易溶於水,但有黏性的海藻酸鈣卻會立刻凝固。這與食品科學的晶球化技術十分類似,能夠製造含有液體的球體。(請見 P.88〈烹飪的科學〉)

目前,他們正在測試許多注射泵浦設計,使用的都是一樣的對應方式:一個注射泵浦內含有海藻酸溶劑與細胞,另外一個則含有氯化鈣。當兩種材料相遇,結構就會固化,然後便可以印出內嵌細胞的固體。目前正在進行優化中。

另一項挑戰是選擇使用何種細胞類型。「我們應該要分類所有的細胞,然後列印細胞到我們認為它們所屬的地方嗎?還是要印出沒有分類的細胞,並同時列印生長因子,讓他們在原本的位置進行分類和重組?」對迪赫塞勒來說,這個問題依然沒有答案。DIY 團隊對各種不同的細胞進行了實驗,並不建議使用人們常用的蘿蔔細胞。這類幹細胞沒有分類,也就是說,他們有可能在良好的環境下,生長出不同的細胞類型,但通常都受到汙染。

其他進行生物列印的團隊

BUGSS——巴爾的摩

巴爾的摩地下科學空間(Baltimore Underground Science Space)現在正在開發 3DP.BIO 這個平臺,集結科學家、工程師和設計師加速研究開發。他們使用樹脂印表機,致力開發控制程式和可製作細胞 3D 支架的生物相容性樹脂。

倫敦生物駭客空間

倫敦生物駭客空間的 JuicyPrint,使用以果汁做為食物來源的細菌「漢氏葡糖酸醋酸桿菌」當做列印材料。漢氏葡糖酸醋酸桿菌會產生一層細菌纖維素,一種強壯又格外多樣化的生物聚合物。然而,桿菌經過基因改造後,無法在明亮的地方形成纖維素。經由照射不同圖形的光,可以操控最終產物的結構,生產出以纖維素構成的有用形狀。

Maria Chavez, BUGSS, Alasdair Allan, Andrew Pelling, Patrik D'haeseleer

Pelling實驗室

另外一種生長組織或是器官的方法，便是用現有的3D結構當做細胞的支架。Andrew Pelling解釋了製作過程：「將蘋果切成薄片，用肥皂和水清洗和消毒。這樣就會留下纖細的網眼狀纖維素，然後將人類的細胞注入其中，讓細胞成長。」他的實驗室目前正在製作長成人類耳朵形狀的原型。

Counter Culture實驗室

明明已經成形了，為什麼還要使用3D列印？照片是奧克蘭的生物駭客空間加州Counter Culture實驗室製造的豬心專題。

他們剔除器官捐贈者（豬）臟器的所有細胞，只留下結締組織以製造「幽靈」器官，希望可以填入他們想要生長的細胞。

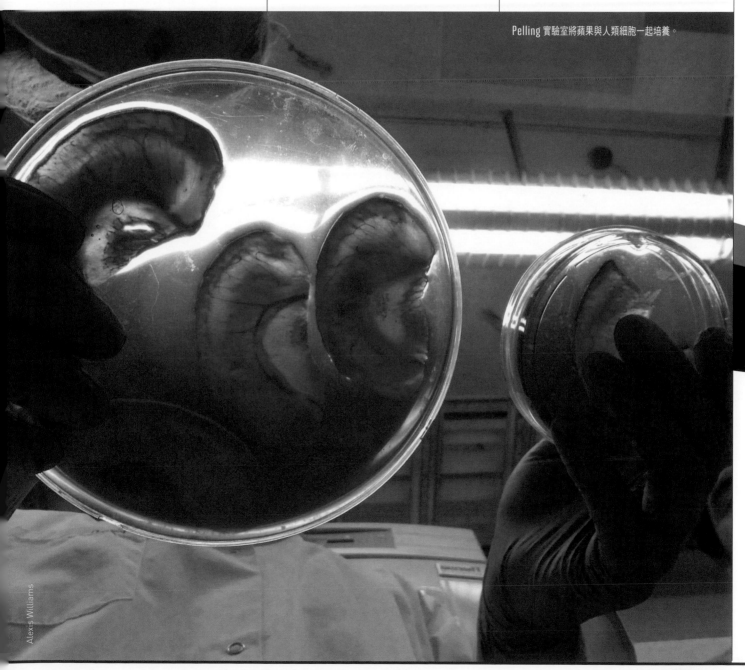

Pelling 實驗室將蘋果與人類細胞一起培養。

Alexis Williams

文：陳坤輝 圖片攝影：阿簡的生物筆記

PLAY WITH BIOLOGY

動手玩生物

看阿簡老師如何將Maker
精神帶入課堂中

趙珩宇
Henry Chao

師大科技所研究
生，主攻科技教
育，目前任教於
永春高中。喜愛
參與Maker社
群活動，希望將
自造社群的美好
以及活力帶給大
家。

Dana Lewis, Tim and Sarah Howard

課堂上的知識，如果只是透過黑板與課本中的文字來傳授，學生往往很難確實理解；相信這也是許多人從小到大在學習過程中遭遇瓶頸，甚至是放棄學習的原因之一。不過有位老師卻發揮Maker精神，透過「實作」的方式來帶起學生的學習意願，試圖突破僵化的教育現場——無論是透過自製手機顯微鏡讓學生隨時隨地進行觀察、將細胞結構化為更容易理解的紙模型，或是製作讓學生實際能「看到」自己心跳的教具等——這些充滿Maker能量的教學方式皆出自新竹市光華國中簡志祥老師之手，他更將自己的教學過程詳細記錄於「阿簡生物筆記」部落格中，數年來累積了不少死忠讀者。

在盛夏的午後，我們實際來到了阿簡老師的生物教室，一件件由他製作或是設計用於生物課中的教具，讓過去在課本中生硬的內容突然變得不再充滿距離感，生物變得有趣且實用了。

讓生物課本「變立體」

走進阿簡老師的生物教室，乍看之下跟一般教室並無不同；但再仔細一看，就會發現各個角落堆放著許多教學小道具與學生作品。阿簡老師說，在一般的學生想法裡，生物課是一門記憶的課程，只要死背課本內容就能獲得分數；但生物其實是與生活息息相關的。「上課時問學生今天有沒有帶細胞來？有沒有吃DNA？學生們會回答你說有。」他笑著舉例。

在阿簡老師的生物教室中，不只有單調的板書或是課文中的說明文字，他讓學生透過黏土製作出一個個細胞模型，了解粒線體、細胞核等物質的關係；用吸管與紙黏土製作出心臟模型，了解血液在心房心室中流動的狀態；在正方體紙盒上畫出植物的維管束組織，更具體地理解其結構。至於生物科中十分重要的觀察與記錄部分，除了自製手機顯微鏡外，阿簡老師也讓學生使用容易上手的Arduino控制板製作測量溫濕度的儀器，並透過SD卡模組讓觀測數值能自動記錄，做為後續在電腦中分析使用。為了讓學生有效地了解並感受到人體與動物身體上的神經電訊號，阿簡老師甚至還找到Neuron SpikerBox這組能夠放大電壓訊號並濾波的電子套件，

並跑遍新竹的電子材料行、尋找壓克力板加工的廠商，自行焊接了12組在課堂中可以讓學生們觀察動物與人體電訊號的教具。

透過這樣多元化、結合實作的學習方式，不但讓課本中抽象的平面內容變得立體，也讓學生能實際思考、確認所學內容是否正確。這正是阿簡老師不惜花上許多時間與心力也希望帶給學生的寶貴經驗。

自我學習的 Maker 之路

有在持續關注「阿簡生物筆記」的《MAKE》讀者們，可能對於他在部落格上所發表的各類Maker專題，以及將Maker工具應用於課堂中的方式印象深刻；但即使自己身為教師，阿簡老師其實也都是透過一步步地嘗試錯誤、自我學習，才有目前的成果。他表示：「第一組自己焊接的電子套件是電子材料行的測謊機，當時買來連電路圖都看不懂，做一做就先丟在一邊，過了一陣子看了別的資料才知道原來GND是指接地。」(a-chien. blogspot.tw/2008/05/blog-post_19. html)阿簡老師回憶起過去剛開始學習焊接時，對於電子電路完全不熟悉，因此常常做到一半就卡關，然後在製作別的套件時又找到解決方法，再回頭去將停滯中的專題完成。

在慢慢熟悉自造知識與技巧後，阿簡老師也開始將專題內容與自己的專業結合，例如在思考如何讓學生在課堂中能「看

到」與「聽到」心跳時，他便自行焊接了心跳感測器套件（a-chien.blogspot.tw/2008/05/blog-post.html）；之後更將麥克風與聽診器連接，讓聽診器接收到的心跳聲能在電腦中播出，讓學生更能具體理解。生物課中常使用的顯微鏡也在課程中不斷進化，除了讓學生拆解顯微鏡、了解顯微鏡結構，並自行設計顯微鏡外，阿簡老師也將視訊鏡頭拆下，換下顯微鏡的目鏡，製作成可以投放在教室電視上的顯微鏡；另外也製作了 Maker 社群中十分熱門的手機顯微鏡，搭配平板讓學生能更快速地觀察到不同的細胞。

「Maker 是什麼？Maker 是一個幫助自己學習的歷程」阿簡老師如此說道。「一開始動手做東西，是因為覺得自己剛從大學畢業時，對許多東西都不是真的那麼了解，因此想要透過實驗重新驗證之前所學過的觀念與現象。」在動手製作時，除了釐清自己過去不甚理解之處，更會遇到過去從未學過的東西；這時候就找資料，將有疑惑的地方搞懂──這正是 Maker 的精神所在，也是阿簡老師早在多年前就已付諸實踐的東西。「說到部落格，其實只是我自己的筆記而已，不然時間久了很多東西做過了也會忘記，這樣記錄起來三不五時也能再看一下。」他說道。

透過瀏覽「阿簡生物筆記」與一探阿簡老師本人，不只讓我們看到阿簡老師的 Maker 歷程，也能感受到他在教學、製作與學習上滿滿的熱忱。採訪尾聲，阿簡老師以期待的口吻說著學校這幾天進了雷射切割機，等下要去試用看看。相信有了更多工具的阿簡老師，除了帶給學生靈感與樂趣外，也能啟發臺灣教育圈中各領域教師投入 Maker 的行列，進而活化臺灣的教育環境，讓「Maker 教育」這件事不再只是口號。●

阿簡生物筆記
a-chien.blogspot.tw
新竹市光華國中生物科老師簡志祥的部落格。自2004年起開始記錄生物課教學過程至今，收錄許多結合實作精神的教學實例與有趣點子。

文：趙珩宇　圖片提供：阿簡生物筆記

DIY BIOLOGY PROJECTS
生物專題在家做
一起動手做阿簡生物筆記上的有趣專題吧！

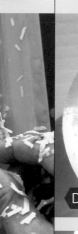

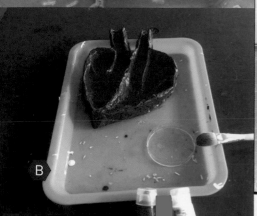

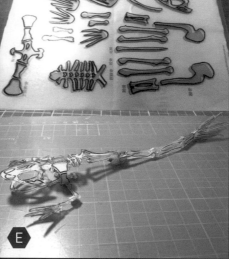

Ⓐ 迷你細菌管柱

a-chien.blogspot.tw/2016/07/
blog-post_29.html

用透明迷你小試管來製作微生物管柱（Winogradsky column）。你只需準備泥土、水、報紙或碎紙、雞蛋放入管中，再到www.thingiverse.com/thing:1695058下載可3D列印的管柱放置架，就可以在家進行觀察與比對。

Ⓑ 廢紙心臟模型

a-chien.blogspot.tw/2017/03/
blog-post_12.html

將「Papier Mâché」藝術創作（以碎紙片加上膠製成）變成生物模型！將碎紙放進盆子裡，加上一些白膠，還有一些水，攪拌至變成糊狀。用紙糊堆疊出心臟形狀，再上色就完成了！

Ⓒ 年輪印章

a-chien.blogspot.tw/2016/12/
blog-post_9.html

將便宜的木塊（或是木頭積木）以火燒處理過，得到差異侵蝕的切面；再拿鋼刷、銅刷刷一刷，留下硬質部分，就成了一顆可以印出年輪圖案的風格印章。

Ⓓ 兔仔菜樹脂模型

a-chien.blogspot.tw/2016/11/
blog-post_29.html

採集你喜歡的植物（如兔仔菜、蒲公英），放入環氧樹脂中做成漂亮的標本吧！只要將樹脂澆入容易取得的矽膠模中，靜置一天後就能取出把玩了。不管是做為擺飾或是紙鎮都很美。現在就來一場野外採集之旅吧！

Ⓔ 熱縮片蛙骨標本

a-chien.blogspot.tw/2016/06/
blog-post_89.html

製作骨骼模型來了解立體結構吧！只要下載檔案、將蛙骨的形狀描繪在熱縮片上；剪下後用熱風槍讓其縮小，並調整成自己想要的形狀，就能完成一具漂亮的熱縮片蛙骨標本（當然，你也可以將它製作成各種動作！）

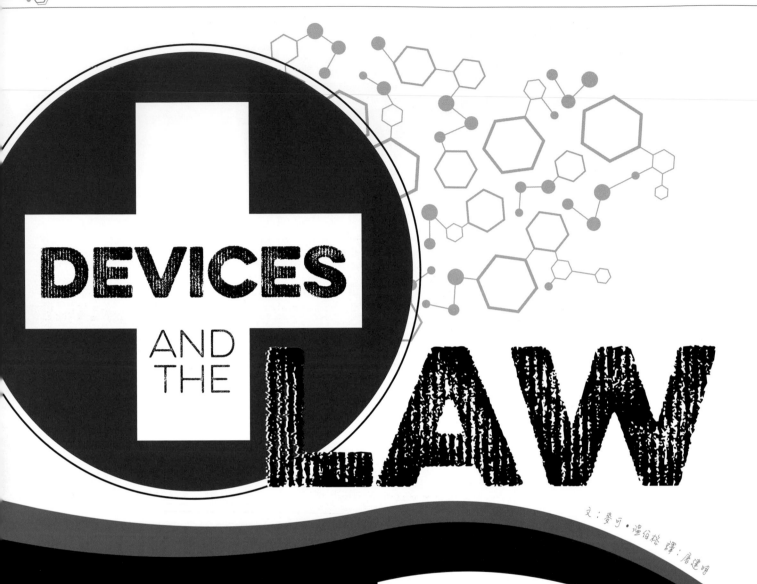

DEVICES

AND THE

LAW

文：麥可‧溫伯格 譯：唐建唱

麥可‧溫伯格
Michael Weinberg
於閒暇時間擔任
開源硬體協會
（OSHWA）
董事長和Shapeways
總顧問。雖然如此，
本文中的問題都不是
OSHWA或Shapeways
造成的，也絕對不是什
麼法律意見。想知道更
多麥可的消息，可以
至@MWeinberg2D和
michaelweinberg.org。

美國FDA近期公
布了區分醫療裝
置和保健裝置的
指南：makezine.
com/go/medical-
devicedistinction。
更多資源請
參考這篇文章：
makezine.com/
go/biohacking-
policy。

裝置VS.法律

你的裝置在
什麼情況下會
是歸FDA管制
的醫療器材？

3D列印萃取DNA的離心機、自製心律監測器或是打造Arduino生物反應器都很有趣。但當你愈來愈深入生物駭客的世界，遲早要開始思考政府會不會（或是什麼時候會）開始注意你正在做的事。

這個領域有許多政府該管制的好理由。在你吃藥、植入裝置或做身體檢查的時候，如果能知道有人幫你確保這個藥不是毒藥、裝置不會爆炸、還有檢查結果不會說你耳朵要掉了（除非真的快掉了），也會比較放心。

1976精神

雖然法規有其功能，它也能阻止好事的發生。檢驗程序可以很昂貴，也可以很花時間。小規模的製造商可能會很難找出和自己相關的法規，更別說去遵守。這讓法規和人生中的許多事一樣，關鍵在於找到安全和勇於嘗試之間的平衡。

對DIY生物駭客而言，不幸的是，上一次國會通過重大的醫療器材法案是在1976年。在當時，只有大公司有能力生產醫療器材。國會並沒有想到有人會在家裡自己動手做，他們自然也沒有想到在家生產的發明家有辦法透過網路，將產品銷售至世界各地——甚至還能在任何商業架構之外進行。

儘管如此，1976年的法規架構至今仍然有效。在這個架構下，裝置根據預期用途分為三個等級。第一級裝置屬於「一般管制」，大多是用來處理較低風險裝置、較寬鬆的法規。第二級裝置屬於特殊管制，因為潛藏較高的風險。第三級裝置在販售前則需要事先批准。（我們在這裡僅介紹背景知識；如果你對三級系統或特定的裝置有具體的問題，請向律師諮詢。）

一般保健vs.醫療

對我們的主題而言，關鍵不在於醫療器材會如何受到管制，而是在什麼情況下，你的裝置會成為FDA會想要規範的醫療器材。這裡要區分的是沒有管制的「一般保健」器材和受管制的「醫療」器材。這兩類器材的區分有兩大要素。

第一，要看這個裝置是不是為了「一般保健」設計。針對一般保健的成分愈多，被FDA管制的可能性愈低。一般保健著重的是整體健康，而非特定疾病。拿慢跑來說，這是一個健康的生活選擇，會影響多種疾病，如心臟病。然而，慢跑並不是如處方藥等針對心臟病的具體治療。一般保健裝置傾向於測量體能、睡眠、注意力、心跳或身體變化，用來協助使用者過更健康的生活。

第二個要素是裝置的安全風險有多高。不意外地，如果沒有安全風險，FDA把它歸類為一般保健裝置的機率就比較高。相反地，如果裝置有著顯著的風險——即使只存在於誤用的情況下——FDA也比較可能詳加檢驗。還好FDA提供了四種裝置的特性來參考，出現任一種都代表裝置可能有較高度的風險：

- 裝置是否是侵入式（是否穿透皮膚）？
- 是否為植入式裝置？
- 裝置是否採用若不管制可能造成風險的技術（如醫療雷射或放射性元素）？
- 類似的現有裝置是否受到管制？

最後一點很重要。如果你開發了一個裝置，而相同領域已上市的裝置都受到管制，那FDA很可能也會很關心你的裝置。

我們學到了什麼呢？繼續開發新玩意兒，但當你的裝置牽涉到治療特定疾病或萬一故障時可能造成傷害，就應該要預料到FDA會來關切。到時候你就要放下這本雜誌，打電話找律師了。 ◢

Hep Svadja

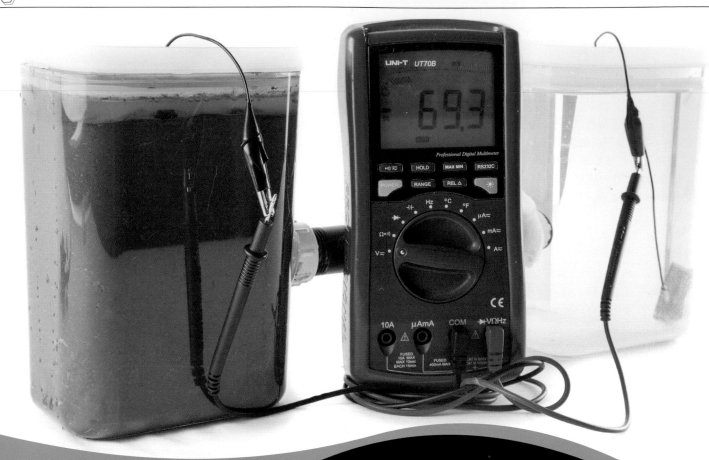

文：巧黛‧E‧羅賓森 譯：謝明珊

Hep Svadja

材料

» 有蓋的塑膠容器，1夸脫（2）
» 池塘的泥巴或表土
» 鹽，1杯
» 洋菜溶液，約 6 公克 洋菜溶液是一種萃取自海藻、類似果凍的物質
» 蒸餾水
» 有蓋容器 盛裝泥巴用
» PVC 管球閥，¾"×6"
» PVC 接頭，½" 滑套 ×¾" 螺紋（2）符合管子大小
» 保鮮膜
» 銅線，絕緣：紅與黑
» 鋁網，4"×2"（2）窗格或 Phifer 可替換窗格
» 鱷魚夾（2）
» 迴紋針（非必要）

工具

» 電鑽
» 熱熔膠槍
» 馬克筆和尺
» 手套
» 萬用電表
» 剝線鉗
» 水族箱用空氣泵浦（非必要）和管線

時間：1～2小時 成本：20～40美元

微生物燃料電池
用細菌產生可再生的碳中和電力
MICROBIAL FUEL CELL

只要用一些泥巴、鹽和水，你就能自製可發電的閉路電路！這個裝置被稱為微生物燃料電池（microbial fuel cell，MFC），它將汙水中的簡單化合物（如葡萄糖或有機物質）加以氧化，由此利用細菌來發電。鑑於化石燃料數量有限，未來可再生、能達成碳中和的未來生質發電大有可為。

當位於陽極室的細菌因缺乏氧氣而附著於電極上，燃料電池就會開始運作。由於細菌缺氧，他們必須將電子轉移到他處。陰極則暴露於氧氣中，因此兩個電極之間會有電位差，產生生物反應牆或是一個「燃料電池」。

1. 製作鹽橋

依照包裝上的指示準備洋菜溶液，並加入½杯鹽。

以保鮮膜覆蓋 PVC 塑膠管一端，以免洋菜溶液外流。管子直立於碗碟上，接著倒入溶液，靜置冷卻（圖Ⓐ）。

2. 取得泥巴樣本

泥巴必須來自底棲區，亦即深水區域，在那裡的厭氧菌才有生物化學活性。如果樣本是取自溪流、池塘或湖泊底部，其顏色必須要呈現黑色。如果表土有足夠的厭氧菌，也可以混合蒸餾水使用。請將泥巴樣本放在容器中並覆蓋好。

3. 製作外殼

用馬克筆在塑膠容器側邊畫一個圓圈記號，大小必須塞得下 PVC 接頭。接著，用尺測量記號的位置，在第二個塑膠容器也做相同的記號，確保兩個洞口位置相對再挖空。

在塑膠容器蓋子的中央做記號。鑽一個小洞讓銅線穿越，同時在其中一個容器另外鑽一個洞（非必要）來放置空氣泵浦鑽。將 PVC 接頭插入洞中，用黏著劑固定，靜置乾燥（圖Ⓑ）。

⚠️ **注意**：有些黏著劑會對皮膚造成傷害，建議在使用時戴上手套。

4. 準備電極

用剝線器剝除紅色及黑色末端的絕緣外層，將其中一端折起後以鋁網包覆。用鋁網（圖Ⓒ）或是迴紋針固定好。

銅線另一端要插入預先鑽好的洞，用黏著劑固定。

5. 組裝燃料電池

將 PVC 管球閥緊緊拴在 PVC 接頭上。

將空氣泵浦插入負極容器預先鑽好的洞，用黏著劑固定（非必要）。

將鹽橋安裝於兩端的接頭，固定好並避免漏水（圖Ⓓ）。

6. 裝滿容器

請戴上手套，用手將第一個容器裝入半滿的泥巴。將其中一個電極埋入泥中，去除氣泡，並繼續灌滿容器，陽極就大功告成了。

接下來，在第二個容器內裝滿蒸餾水，並加入½杯鹽攪拌，陰極也完成了。

放入第二個電極，用蓋子封住兩個容器，並用鱷魚夾固定突出來的銅線。

這時候，你也可以開啟空氣泵浦，為陰極溶液打氣。這樣可以加速電子的交換，持續增加電壓輸出。

7. 開始使用！

生質燃料電池的效能可由電壓輸出得知。將兩個鱷魚夾連接萬用電表，並開啟萬用電表測量陰陽極之間的電壓。你應該可以測出約 0.2V 的電壓，視你的細菌數量而定。

接著，試試看加上電阻，用瓦特來判定微生物電池的輸出。或用陰陽極電線連接 LED，看能不能讓燈泡發亮。

另外，你也可以給予細菌少量電壓來改造這個電池。若不經由陰極供應氧氣，你可以產生出純正的氫氣。這個裝置被稱為微生物電解電池（microbial electrolysis cell，MEC），換言之，燃料電池會產電，而電解電池會產氫。◈

珍黛・E・羅賓森
Jendai E. Robinson
任職於 NASA 奈米技術中心，目前為 NASA Harriet G. Jenkins 研究員。

你可以到 www.makezine.com.tw/make 2599131456/microbial-fuel-cell 看看不同的生物燃料電池，或是與我們分享你製作的版本。

Sydney Palmer

3D-PRINTED CENTRIFUGE
3D列印離心機

用低成本打造這臺可以萃取DNA的實驗室工具

文：ProgressTH 譯：謝明珊

布萊恩・伯列提克
Brian Berletic

ProgressTH共同創辦人。ProgressTH是一家來自曼谷的設計工作室和媒體平臺，專注於用科技解決現實世界的問題。他們為當地DIY生物實驗團體F.Lab設計並打造儀器。你可以在他們的Thingiverse頁面（thingiverse.com/ProgressTH/designs 和 thingiverse.com/F_Lab_TH/designs）上看到許多工具和儀器說明。

材料

時間：2天　成本：40～60美元

- » 12V DC 電源，2.1mm 插頭
- » 母電源插座，2.1mm 插孔
- » 蹺板開關，2 段 ON-OFF，21x15mm 3A/250V
- » 電位器，10kΩ，線性 又名 B10K 電位器，旋轉軸長 10mm，軸直徑 6mm，基部直徑 18mm
- » Arduino Nano
- » 無刷馬達，12V，無人機專用，1806/2400 附有螺栓和螺帽
- » 無人機馬達的電子調速器（ESC）
- » 螺栓，22x3mm 和相應的螺帽（2）
- » 螺栓，14x3mm 和相應的螺帽（4）
- » 螺絲，16x3（2）
- » 跳線

工具

- » 3D 印表機和 PLA 線材
- » 附夾具的旋轉工具（非必要）或強力膠

生物科技有著無窮的潛力，但前提是要有可以做實驗的工具。 DIYbio運動試圖讓有興趣但口袋不深的一般人，也能夠擁有高級實驗室的工具和技術。

其中一項工具就是離心機。離心機有著各種形狀和尺寸以滿足各種需求。大型離心機可以準確地控制轉速（RPM）、G力和計時器，有些甚至有溫控功能。迷你離心機則僅單純地萃取DNA及快速旋轉以混合試管內的物質。

DIYbio 3D列印迷你離心機的設計正是用來應付單純的工作，並曾在大學實驗室中執行過實驗計劃。迷你離心機很容易製作，希望你讀完本文後，可以改良出更棒的機型，或是獲得3D列印其他高價實驗設備的靈感。

列印部件

前往Thingiverse（thingiverse.com/thing:1175393）下載STL檔案。由於這些部件尺寸不一，可能要分次列印——這樣可以像我一樣切換不同的顏色（圖 ）。列印填充率建議設定為30%。記得柱腳要重複製作四次。

設定 Arduino

組裝離心機之前，最好先設定Arduino並完成測試。請將專題頁面（makezine.com/go/3dp-centrifuge）中的程式碼載入Arduino，依照圖 Ⓑ 配置元件和線路，但別忘了電子調速器（ESC）和三條無人機馬達電線之間使用暫時連接的方法，之後在組裝過程中，還會切斷再重新連接。

注意：有人建議以測試板取代 ARDUINO 和 ESC。我們沒有試過，但對初學者來說也許難度會較低。你也許會需要修改 3D 模型——我們為此準備了 SKETCHUP 檔案。

Hep Svadja

組裝離心機

用螺栓將無人機馬達固定在馬達架上，接著用4個14×3mm螺栓和螺帽，將馬達架固定於殼蓋（圖C）。

將馬達的三條電線穿過殼蓋的橢圓洞口，以便連接ESC（圖D），現在可以連接其他電子元件了。請耐心依照電路圖按部就班完成。

連接完成後，請將蹺板開關輕輕推入機殼左側背面的缺口。母轉換器也如此安裝。電位器接線完成後請固定於殼蓋，並嵌入機殼右側前方所預留的空間。

Arduino Nano 接線完成後有兩種選擇，一是直接塞入機殼（圖E），二是用黏膠或摩擦焊接法，在背後墊一塊塑膠片，安裝在機殼右側 mini-USB 端口旁邊。

這臺離心機仍只是原型，所以請仔細包好電線，如果看起來很亂也別太擔心。只要確保沒有電線外漏或觸電的問題，蓋上殼蓋後不會壓到任何東西就沒問題了。

將柱腳當作墊圈使用，用3個螺絲將殼蓋固定於機殼，並於電位器旋轉軸加上旋鈕，如果需要的話，可以加墊紙片。請將轉子置於馬達旋轉軸上，並以螺帽栓緊，但不能太緊。

最後，用22×3mm螺栓和螺帽將蓋子固定於機殼後側，若要移動離心機，前側也可栓起（圖F）。

使用你的離心機

這臺離心機在使用上有一些難度——ESC會以為自己仍安裝在昂貴的無人機上，隨時都在解讀周圍的狀態。若是電壓太高或不穩，皆可能導致馬達停止運轉或ESC重新設定。以下有一些祕訣和提醒：

- 當你用蹺板開關啟動離心機，ESC會發出聲音並自行校準。
- 慢慢轉動旋鈕，差不多轉到一半時就會開始旋轉。繼續轉完另一半，機器會轉得更快。
- 我們建議轉子旋轉要間隔1～2分鐘。我們用手機碼錶來計時。機器運作時，蓋子請務必蓋上。
- 記得隨時保持轉子平衡，如果只有一支試管，另一側也要放一支空試管。轉子永遠要保持平衡，否則會因重量

不平均而造成損壞。

更進一步

除了離心機外，我們也研發了磁力攪拌器和電泳系統，加上我們的試管架，你可以做基本的DNA萃取分析了。🅦

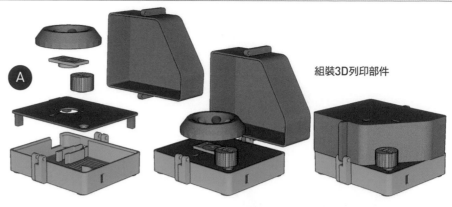

組裝3D列印部件

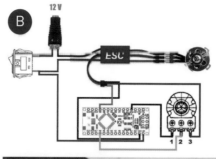

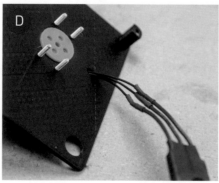

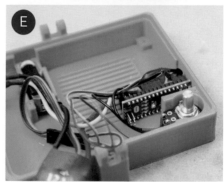

你可以至www.makezine.com.tw/make2599131456/3d-printed-centrifuge取得程式碼和更多細節。

Sydney Palmer

DNA

雙螺旋
黛綺莉酒
在這個可以
喝的科學實驗
萃取草莓
的DNA

DOUBLE HELIX DAIQUIRIS

文：波妮・巴西亞　譯：潘榮美

時間：30～45分鐘　成本：約40美元

材料
» 高濃度的酒精（烈度80度以上）
如冰的 Bacardi 151、Don Q
151、Everclear
» 冷凍、切片過的草莓
» 冷凍的濃縮鳳梨汁

工具
» 夾鏈袋
» 篩網
» 碗
» 冰塊
» 量杯
» 雞尾酒杯

波妮・巴西亞
Bonnie Barrilleaux
LinkedIn 的資料科學家。擁有化學工程博士學位，長期從事基因科學研究，對科學與藝術的結合充滿熱情。

從口水或水果中抽取DNA是科學嘉年華或 Maker Faire 裡最受歡迎的示範活動之一。這個則是比較成人的版本，靈感來自麥克・科威爾（Mac Cowell）發表在 Instructable 上的「5分鐘抽取DNA至 Shot 杯」專題。在最後一個鏡頭中，他喝下鹽、清潔劑加口水調製成的蘭姆基底雞尾酒，最令人叫絕。嘿，既然都要調製蘭姆酒了，至少要調得好喝一點吧？

從植物或動物組織提取DNA是個相當直接了當的過程，在家就能進行。然而，就我們所知，還沒有人寫過提取DNA製作成調酒的食譜。我們企圖以DNA加入黛綺莉（Daiquiri）調酒，補足這塊科學知識的空缺。這份雞尾酒包括一層草莓泥和一層酒精（從草莓提取的DNA，會放入這一層酒精中）。DNA是超級長的聚合物，當它們在酒精中凝結，會形成幾股很長的線，用肉眼就能看見，還可以用牙籤挑起來。

1. 秤重

　　將250g的草莓（約兩杯）及75g的濃縮鳳梨汁（約¼杯）（圖Ⓐ）放進夾鏈袋中封起來。用手指將草莓輕輕地壓成果泥（圖Ⓑ）。請不要使用果汁機，因為連DNA都會一起被打散。

Hep Svadja

2. 加熱並放涼

將一碗水放入微波爐，加熱至約50°～60℃。如果你的手邊沒有溫度計，就感覺一下水溫，要比洗澡水還熱，但不至於會燙到手。將盛裝水果的夾鏈袋放入熱水中約10分鐘，接著讓袋子泡入冰水10分鐘（圖**C**）。

3. 過篩

將果泥放入篩網過篩，用湯匙將它壓過篩網的濾孔（圖**D**）。這個步驟是為了去掉果泥中較大塊的果粒。

4. 上菜

將約50g的果泥放入杯子中，將10ml的冰Bacardi 151輕輕鋪在上面（圖**E**——為了拍照，我們多放了一些酒）。將杯子輕輕搖一搖，可以幫助DNA跑入酒精層。如果你是要先預備雞尾酒，等等再喝，最多不要等超過15分鐘。雖然時間愈久可以萃取出愈多DNA，但是過了一段時間，DNA分子會開始降解。

在杯子上放支小雨傘；你也可以用雨傘的牙籤攪一攪，DNA分子會匯聚到牙籤末端（圖**F**）。

成果與結論

在研究這份食譜時，我們較早期的版本收到了一些回覆，其中的心得諸如「噁心」、「好鹹」和「味道像肥皂」等。很慶幸最後這個版本收到的評價大多是正面的。DNA剛萃取出來時看起來很像鼻涕，的確讓人感到有些噁心，不過喝下去時你不會特別注意它的觸感。

由於雞尾酒最上面一層是酒精濃度很高的蘭姆酒，因此在喝下去或啜飲下去之前，最好先將酒精拌入果泥中。

試喝過的人都很享受將飲料中的DNA用牙籤撈起來的過程，覺得是令人陶醉的體驗。不過，也可能只是醉了。 **N**

至makezine.com/go/dna-daiquiris，和我們分享抽取DNA的專題。

DNA黛綺莉酒vs. 一般萃取DNA 的實驗

這次的專題與一般萃取DNA的實驗相比，成分有所不同。關鍵的不同在於：

● 一般介面活性劑的作用是分解細胞，如洗碗精等。這些吃起來並不美味。因此，我們用冷凍草莓來取代開頭的步驟，因為冷凍再解凍的過程中，大部分細胞已經被分解了。開始使用冷凍水果後，我們發現不必要使用到介面活性劑了。目前能萃取最多DNA的材料也是草莓，這大概是因為市售草莓大多是「八倍體」，也就是每個細胞有八份DNA。

● 通常人們也會用鹽來幫助DNA沉澱。不過我們也發現不一定需要鹽，還是能得到不錯的成果。

● 也有人會用嫩化劑幫助分解蛋白質及釋放DNA；這是仿照蛋白酶的作用，也是一般實驗室中的做法。我們則是用鳳梨汁取代，因為鳳梨中有鳳梨蛋白酶。但是我們不能使用罐頭鳳梨，因為製作罐頭的加熱過程已經使鳳梨蛋白酶失去活性。

● 讓DNA沉澱需要高濃度酒精（80度以上），黛綺莉酒一般都是用蘭姆酒為基底，因此我們選用了Bacardi 151。

製作你的專屬標誌

用幾個簡單的網版印刷祕訣為自己的東西增添個性

文：提姆‧戴根
譯：謝明珊

網版框架必須夠堅硬。

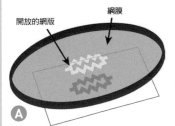

開放的網版　　網膜

A 墨水要穿透的地方就不阻絕。

B 「拉網」就是用刮刀迫使墨水穿透網版。

C 半色調的灰色是以各種黑色圓點所組成。

D 半色調會騙你的眼睛去混色。

開源熱潮和Maker運動促成工具普及。 工具本來是專業人士或學術圈的專利，卻變成我們日常生活的一部分，印刷術便是一例。印刷術下放民間之後，成為最早改變世界的工具之一，分別在15

和20世紀有一波普及浪潮。噴墨印表機甚至便宜到價格低於補充墨水，列印材料種類多且容易取得。T恤轉印、貼紙、名片和透明材料等，皆為電腦列印常用的材料。

電腦列印的前身是印刷機，至今仍在

使用。印刷機市場可能萎縮了，但仍未絕跡。說到碩果僅存的幾種印刷術，其中網版印刷受到專業人士和DIY愛好者的青睞，T恤列印可能是它最熱門的用途；但這種備受喜愛的印刷術還有其他用處。網版

印刷簡單至極，只要有很基本的設備就可以完成，再搭配許多有趣的技法，加上認識印刷術的細微差別，就會產生絕妙的效果。

原理

基本上，網版印刷就是延展緊實的材料，擋住部分區塊，迫使墨水（或塗料）只通過沒阻擋的部分。流阻（blocking）和網膜（resist）會在列印表面的網版形成負像（圖A）。網版印刷通常稱為「絲網印刷」，畢竟絲綢曾經是最普及的印刷材料，雖然近年來大量使用合成材料，絲網印刷的名稱仍繼續沿用。

網版先固定在框架，保持延展。大多數網版會釘在或黏在木框，但也有金屬框或塑膠框等許多技法，不過千萬不要使用會彎曲或扭曲的框架，以便重複使用（參見上一頁的熱門網版）。

網版印刷技法大多採用橡皮刮刀，讓塗料均勻穿透網版來到列印表面。這個動作稱為「拉網」，刮刀要拉向列印者自己，以便覆蓋墨水（圖B）。

網版印刷屬於雙重作業，如果你用黑色墨水，並無法直接印出灰色；但有些特殊技法持續演進，已經可以完成漸變色。半色調圖像（halftone image），不是混合黑白兩色來取得灰色，而是利用等比例大小的圓點，讓你覺得看到了灰色，粉紅色也是同樣的道理（圖C）。這種方法也適合用在印刷圖案混色，例如50％半色調黃色覆蓋在50％半色調紅色之上，就會產生橘色（圖D）。

多色印刷必須為每個顏色準備網版（除了一些特殊效果，會將數種顏色的墨水和塗料在網版直接混合）。彩色影印店的網版印刷機通常有四個網版，列印表面會在各個網版仔細套印，直到每個顏色（藍綠色、洋紅色、黃色和黑色很常見）拉網完成（圖E）。

至於這項專題，我們以單色為主，不做半色調。這個方法有很多使用機會，舉凡在控制面板列印標籤、為自家產品列印商標、製作簡單的T恤、為印刷電路板製作阻絕層。

製作網版

網版有各種製作方式。一是手工塗製網

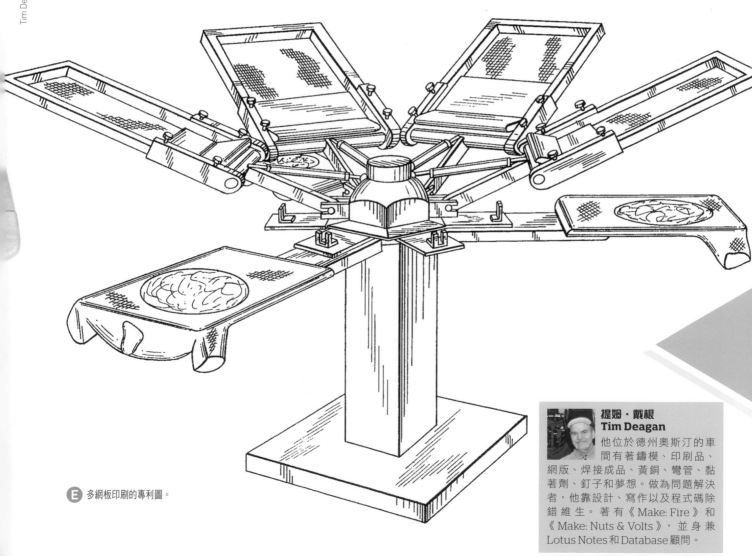

E 多網板印刷的專利圖。

提姆・戴根 Tim Deagan

他位於德州奧斯汀的車間有著鑄模、印刷品、網版、焊接成品、黃銅、彎管、黏著劑、釘子和夢想。做為問題解決者，他靠設計、寫作以及程式碼除錯維生。著有《Make: Fire》和《Make: Nuts & Volts》，並身兼Lotus Notes和Database顧問。

以外圍繡線圈和長尾夾維持網版延展。

將圖案描繪到網版上。

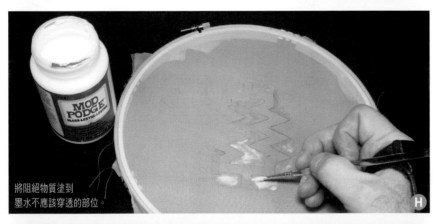

將阻絕物質塗到墨水不應該穿透的部位。

MOD PODGE GLOSS-LUSTRE-LUSTRE

任何有堅硬邊緣的物品，例如信用卡，都適合代替橡皮刮刀。

膜到網版上，二是善用電腦割字機來製作模板，直接鋪在網版上，三是藉由照相乳膠將透明物質轉移到網版上。第一次做網版，不妨選擇最簡單的方法，之後再依照你的喜好嘗試其他方法。

無論你是為了好玩或生意而進行網版印刷，美術用品社大多有販售網版印刷的基本材料，網路商店也會提供你所需的一切。為了方便起見，我們會採用容易取得的材料，讓讀者覺得基礎印刷很簡單。若你有意願，隨時可以升級為其他方法。

我們不把網版材料放在木框延展，而是以繡花圈來撐住延展的網版材料。為了達成低成本的專題，我們的網版採用 100 % 聚酯纖維布料或透明硬紗布，而不是外面現成的網版材料。我在二手商品店買到浴簾，雖然比不上網版專用的高級織物，但仍然堪用。你所裁剪的布料必須稍微大於繡花圈，將布料放在小繡花圈上，周圍套上大繡花圈，延展網版時卡得愈緊愈好，我用長尾夾固定布料（圖**F**）。

加入你的設計

接下來我們要加入藝術元素，在網版上彩繪，但也要考慮自己的能力。第一次嘗試，最好不要有細緻的線條，圖案儘量簡單。將你的圖案列印在紙上，圖案和邊緣要預留幾吋空間，讓刮刀有空間移動，所以圖案不要超過繡花圈的一半。

將圖案列印在紙張後貼到堅硬的表面上，不會晃動就好；接著放上網版，用軟鉛筆在網版勾勒圖案（圖**G**），然後用 Mod Podge 膠水製作網膜。雖然現成阻絕網膜材料更專業，但 Mod Podge 已足夠應付這項專題。

我們的目標是阻絕墨水穿透網版的小洞，以及本來就不要覆蓋的洞。我們會將膠水塗在不希望墨水穿透的網版上，你可能要連續塗好幾層，才有完全阻絕的效果（圖**H**）。

蒐集你的工具

刮刀通常是橡膠做的，有著堅硬而彈性的邊緣。其尺寸有很多種，但務必選擇比圖案更寬的，才能夠一次拉過塗料。如果臨時找不到刮刀，那就暫且使用信用卡或會員卡代替（圖**I**），不過其實只要是有堅硬塑膠邊緣的東西都可以。

至於墨水，我們會用壓克力塗料，市面上也有針對各種表面的專用墨水，網版印刷墨水（或塗料）必須夠濃稠，推過網版的時候才不會亂流。

Tim Deagan

準備就緒，開始印刷！

無論是哪一種列印表面，最好在紙上或厚紙板上先試印幾次，熟悉滾軸、墨水和網版的感覺。在你的工作區域鋪些報紙或厚紙板。若有東西會滑，那就用膠帶固定，列印材料或網版都不可晃動，否則列印效果會模糊。

拉版通常分成三個動作，首先是把墨水滴在網版，記得要夠大坨，足以完成列印（圖 J）。其次，輕輕拉動刮刀，讓墨水均勻覆蓋圖案（圖 K）。第三，刮刀放在圖案上，45度均勻施壓拉向自己；但不要壓得太用力，以免墨水穿透網版（圖 L）。為了學習正確施壓，你要先試印幾次。

印好後將網版直接拿起。商用（及許多家用）網版列印支架是以鉸鏈固定網版，方便使用者拿起。碰觸網版之前，先等它乾燥（圖 M），如果墨水不小心沾到衣服，清洗前先用熱熔槍加熱。

本文只談網版印刷的皮毛，下次若有更專業的專題，不妨試試看切割機，在網版塗上背膠（以熱熔槍固定）。照相乳膠也能讓你製作出更精緻的網版。網版印刷很適合為專題列印上專業圖案，或是製作衣服、海報或美術作品。如果你覺得網版印刷很簡單，那就繼續深入探索吧！ ◐

添加足夠的墨水，確保塗料充足。

用滾軸輕輕刷過，推散墨水。

加重力道一筆拉過塗料（但不要下手太重）。

你可以列印在任何與網版強烈對比的物品上。

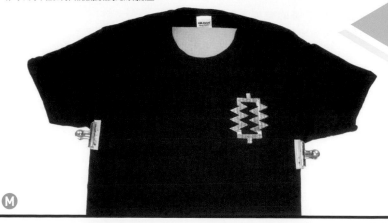

卡里布・卡夫特
Caleb Kraft
《MAKE》 資深編輯。當他正體驗實驗的美好時，往往會忘記做紀錄。

認識專業術語：金屬加工

了解這些詞彙來理解機械行裡的對話 文：卡里布・卡夫特 譯：花神

剛開始學習一門技藝的時候，專家使用的專業術語時常會讓我們感到困惑，不了解其含意。為了讓你能迅速了解某個特殊技藝的專業術語，我們規劃了一個新的「認識專業術語」專欄。你可以在 makezine.com/go/learn-the-lingo 找到其他主題的文章。

這次，我們要談的是機械加工（machining）的相關用語。更具體來說，是跟金屬切割成型有關。這可以用手工來做，如銑床或車床，這兩種工具在木

工領域也很常聽到，不過今天我們講的是機械加工，所以重點會放在金屬上。

「人們通常聽不太懂機械加工的專業術語，這在操作高速旋轉且講求精確的金屬切割工具時，可能會造成很大的問題。」任職於 Tormach 的克里斯・福克斯（Chris Fox）表示，Tormach 公司致力於提供價格低廉的 CNC 工具機給業餘玩家或新手。「這與機械加工這門學問本身的特性有關，因為每一種流程可能有許多不同的做法，而許多不同的單字也可能會指涉到

相同或者大同小異的意思。學習最好的方式就是動手做；不過，如果有一位指導者（Youtube 就是個好地方）教導你這一行正確的專業術語，會很有幫助。」

第一天接觸機械加工
你需要知道的術語

» **進料與速度**—用來計算如何以最佳的方式切割。會依據金屬的硬度、表面精緻度和切割的類型而有所調整。

Tormach

» **夾具**—這個裝置或結構是用來固定你的作品，或者是你要用CNC工具機切割的材料。若是銑床，夾具通常會連在機臺上，若是車床，夾具通常是會一直轉的那塊部件。

» **刀座**—這個裝置或儀器是用來固定你的切割刀頭或刀具。若是銑床，通常是轉動的部分，若是車床，則是固定於檯面的裝置。

» **治具**—用來指稱特定零件的固定裝置或結構，常為特殊工具特別製作。

» **CAD**—電腦輔助設計（Computer aided design）。有了CAD程式，你可以將你創作的部件數位化，進而銑削、3D列印或單純呈現。

» **CAM**—電腦輔助製造（Computer aided machining或Computer aided manufacturing）。CAM也是電腦程式，能開啟CAD檔（如IGES、STEP等），並讓你設計CNC工具機的刀具路徑與切割過程。CAM會告訴CNC工具機如何動作、動多快及轉多快等。

» **G碼（G-code）**—這是給CNC控制器讀的程式語言，用以告訴機器該做的動作和行進速度等。

» **後處理器**—雖然大部分的CNC控制器都會讀一般的G碼，但是每一臺控制器都還是存在一些控制碼的方言。後處理器會充當翻譯，將CAM檔翻譯成特定機器看得懂的方言。

» **顫動**—裁切時會出現的雜訊，原因有很多，包含（但不限於）刀具問題、速度與進料錯誤、刀具突出太多等。顫動太大會影響零件成品，不過，顫動也可能表示較差的切割方式、刀具即將損壞或物件固定不良。

» **切削深度**—切削深度表示工具每次會移除多少材料，與速度及進料密切相關。調整切削深度來改善切割表面及延長刀具壽命。

» **Thou**—表示千分之一吋（0.001"）。

» **Tenth**—表示萬分之一吋（0.0001"）。請注意不是十分之一吋（0.1"）喔！

» **對話式**—在控制器上使用的機械加工介面，是不以CAD或CAM作業的CNC加工方法，通常操作較簡單。

» **工作座標系統**—簡稱WCS（Work Coordinate System），用以表示CNC工具機部件與機器原點的相對位置。

» **同心度**—兩個直徑之間彼此的關係。

» **偏轉**—刀具與旋轉式心軸的同心度。偏轉愈高，表示刀具在切割時精確度愈低，也就表示這樣的刀具比較難維持在預定的切割路徑上。

» **（刀具的）偏位**—告訴CNC工具機刀具尖端與某已知表面之間的位置關係（例如心軸頭）。 **N**

更進一步

■ 〈進階機械加工詞彙表〉有著詳盡的詞彙解釋（Advanced Machining's term glossary）advancecncmachining.com/machining-glossary。

■ 有著類似詞彙表的〈CNC指南〉（CNC Cookbook）cnccookbook.com/CCDictionary.htm。

〈Micromatics 詞彙表〉（Micromatics Glossary）micromatics.com/cnc_swiss_glossary.html。

■ 如果你還是沒有查到要找的詞，可以試試〈機械技師詞彙大全〉（All Words Glossary of Machinist's Terms）allwords.com/machining-glossary-164-594.php。

如果你認為有其他術語是初學者第一天應該要知道的，請至www.makezine.com.tw/make2599131456/learn-lingo-machining留言讓我們知道！

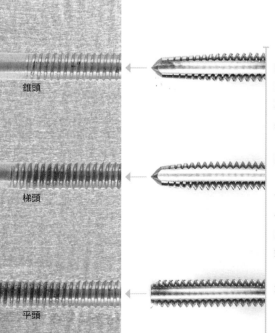

喬登・邦可
Jordan Bunker
喜歡研究想法、原子和鑽頭的萬事通。你可以在他位於加州奧克蘭的地下室工作坊找到他。

文：喬登・邦可　譯：謝明珊

自製螺紋部件
用螺絲攻和板牙自行攻出螺紋

使用螺絲和螺栓是固定兩個部件最簡單的方式之一。 你也許已經猜到這都是螺紋的功勞，但究竟要如何自己製作螺紋呢？本文將介紹螺絲攻和板牙，有了這兩套工具，以後你可以自己製作需要的螺紋部件。

螺絲攻

螺絲攻可以在孔洞內製造螺紋，讓螺栓能順利拴入。螺絲攻雖然和螺栓很相似，但材質通常是高速鋼，周圍也布滿了狹長的溝槽，在螺紋之間形成間隙。用螺絲攻鑽孔時，溝槽能幫助你排出碎屑。

» 挑選適合的螺絲攻

螺絲攻主要有下列三種：

錐頭螺絲攻—用於較大的孔或較硬的材質。前窄後寬，讓一開始的作業較容易進行，但是必須鑽深一點，才能切削出完整的螺紋。

梯頭螺絲攻—一般最常見的泛用螺絲攻。微呈錐頭，可以一舉完成盲孔攻牙。

平頭螺絲攻—適合攻至孔底，但最好搭配錐頭和梯頭螺絲攻先鑽出預鑽孔。

» 螺紋數很重要

每個螺栓都會有直徑和每吋螺紋數對應的螺絲攻。請務必挑選正確的螺絲攻！同理可證，每一種螺絲攻都有對應的鑽頭，

錐頭

梯頭

平頭

Hep Svadja

用來進行預鑽孔加工。這些對應關係通常會印在螺絲攻的包裝上，網路上也搜尋得到。

如果你不確定螺栓的螺紋數，不妨利用螺紋規（圖 A）來配對。

> **訣竅：** 如果你經常使用螺絲攻，最好將螺絲攻和鑽頭預先配對好。我每一種螺絲攻都搭配兩套鑽頭。如此一來，當我需要栓一個 1/4-20 的螺栓，我隨時都有工具可以使用。

» 固定好要攻牙的物品

這是最重要的步驟之一。螺絲攻很容易損壞，如果你的螺絲攻或攻牙物品太常移動，螺絲攻可能會在洞裡損壞。為了避免慘劇發生，最好使用夾具來對準鑽孔，讓鑽孔位於你的正下方或正前方，有助於你在攻牙時精準無誤。

» 挑選合適的絲攻扳手

螺絲攻需要旋轉它的工具，你最好挑選螺絲攻專用扳手（圖 B），若攻牙孔徑小於 1/4"，可以使用 5～7" 的扳手。若是更大的孔徑，你會需要更長的扳手。將螺絲攻平坦的那一面插入扳手可調整的夾緊裝置，接著轉動把手拴緊。

如果你覺得把手不好拴緊，不妨試試看T型套筒扳手（圖 C），如果扳手無法與螺絲攻吻合，T型套筒扳手都可以解決。

» 進行攻牙

這是較為困難的步驟。將螺絲攻對準洞口，確保螺絲攻跟物品完全垂直（最好有別人從另外一個角度檢查），對螺絲攻施加一些壓力，開始轉動扳鉗（圖 D）。你可能會感覺攻出螺紋時有卡住的跡象，這時候請再次確認螺絲攻有沒有垂直，千萬不要用蠻力，否則螺絲攻會斷裂。連續旋轉幾圈後，你就可以停止施壓，讓螺絲攻稍微迴轉，每旋轉一圈，都會將碎屑排出孔洞。完成後將螺絲攻取出，用空壓機清理洞口，然後試試看跟螺栓合不合！

板牙

板牙（圖 E）基本上就是螺絲攻的相反，專門用來切削出外螺紋的工具。板牙的種類取決於你所要加工的圓桿直徑。

» 準備要加工的圓桿

將圓桿一端打磨成斜面，方便板牙轉入（圖 F）。

» 將板牙放入板牙扳手

挑選好板牙後，將板牙放入板牙扳手。雖然與絲攻扳手類似，但板牙扳手有一個凹槽用來放置板牙，大多數板牙扳手的側邊附有固定螺絲，剛好對準板牙的淺凹槽，然後請將板牙與扳手栓好。

» 固定圓桿

我們要旋轉不是圓桿，而是板牙。所以圓桿要固定好，最好用虎鉗固定，這有助於讓圓桿始終保持垂直。

» 切削螺紋

切削的流程，幾乎跟用螺絲攻攻牙差不多。請記得將板牙對準圓桿，施壓讓板牙朝著圓桿旋轉。一旦螺紋開始成形，板牙可能會「卡住」，這時候先暫停施壓，但仍繼續旋轉（圖 G）。別忘了每旋轉一圈，就要稍微迴轉，適時排出碎屑。當螺紋符合你需要的長度，就可以取出來試用了！ ◢

A

B

C

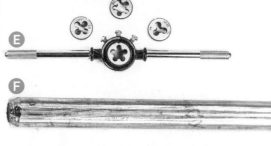

D

> **訣竅：** 如果你鑽的是較柔軟的材料，如鋁、黃銅或鑄鐵等，你就不必使用潤滑劑；但若是要鑽鋼鐵等堅硬材質，就需要潤滑油來助你一臂之力。

E

F

G

Recalling an Era

文：鮑伯 墨菲 譯：Madison

an Era
復古柴油龐克手機

打造一臺可實際運作的手機，彷彿 Motorola在40年代推出的產品

時間：**16小時**
成本：**150美元**

材料

- » **Feather Fona** 微控制器 Adafruit#3027 adafruit.com
- » **Micro SIM 卡** 我用的是 T-Mobile 的預付卡，卡片 10 美元、月租費 3 美元、每月 30 分鐘通話／簡訊的方案。（注意：T-Mobile 的預付卡不提供來電顯示，你無法辨識簡訊發送者。）
- » **1200mAh 鋰電池** Adafruit #258
- » **貼片式天線** Adafruit #1991
- » **NeoPixel Jewel LED** Adafruit #2858
- » **LED 亮片（2）（非必要）** Adafruit #1758
- » **手機風格的 3×4 矩陣鍵盤** Adafruit #1824
- » **單色 OLED 顯示螢幕，0.96"，128x64** Adafruit #326
- » **Perma-proto 洞洞板，小** Adafruit #1214
- » **有線駐極體麥克風** Adafruit #1935
- » **有線迷你金屬喇叭，阻抗 8 歐姆，功率 0.5W** Adafruit #1890
- » **JST-PH 電池延長線，500mm** Adafruit #1131
- » **按式開關，12mm** Adafruit #1683
- » **22AWG 和 26AWG 實芯電線**
- » **測試用麵包板**
- » **90 度排針公座**
- » **排針公座**
- » **跳線**
- » **黃銅圓頭一字螺絲，#⁴/₄₀，³/₄"（4）**
- » **黃銅螺紋襯套，#⁴/₄₀，³/₈"（4）**
- » **木材，12"×12"×¹/₂"** 我用核桃木。
- » **黃銅或銀質銘板（非必要）** 用來貼在手機背面。Bead Landing 提供一組兩片裝：makezine.com/go/brass-bezels
- » **復古風喇叭裝飾材料**
- » **¹/₈" 透明黃和綠色壓克力板，8"×8"** 黃色我用來覆蓋喇叭，綠色用來覆蓋麥克風。
- » **細緻霧面塑膠面板，**用來漫射麥克風飾板後的光。Tap Plastics 可幫忙切割至所需大小（限店內購買）。或是即興發揮一下——改用卡紙試試。
- » **程式碼和設計檔** 用於編寫 Fona 控制板與 CNC 及雷射切割作業：github.com/thisoldgeek/DieselPunk-Cellphone

工具

- » 烙鐵和焊錫
- » 解焊工具
- » 三用電表，用來確認電路連線
- » CNC 雕刻機或 ¹/₈" 下螺旋雙刃銑床
- » 雷射切割機
- » 尖嘴鉗
- » 斜口鉗
- » 旋轉切刀
- » 輔助夾座和／或 Panavise 萬向支架
- » 細鑷子
- » 乙烯基電膠帶
- » 紙膠帶
- » 三秒膠
- » 熱熔槍
- » 環氧樹脂
- » Arduino IDE 軟體

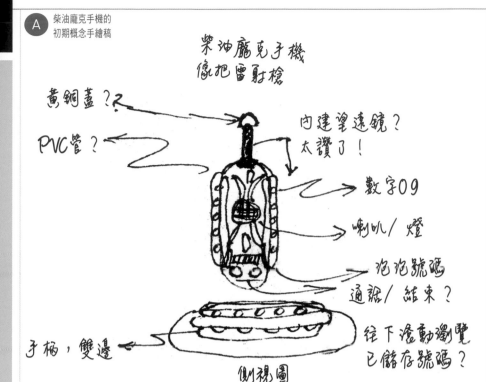

A 柴油龐克手機的初期概念手繪稿

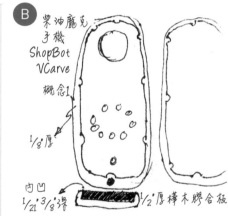

B 柴油龐克木質機殼概念 #1（還有更多！）

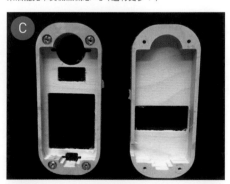

C

這是 Maker 的黃金時代。 有太多的元件跟自造工具可用了，連手機都能DIY，而且還是能接打電話、傳簡訊甚至收聽FM廣播的手機喔。

Adafruit 附 GSM 模組 的 Fona 微控制器上市的同時，我發現了柴油龐克這種風格（類似蒸氣龐克，莫約是 1930 年代到第二次世界大戰結束這段時期的風格）。我靈機一動：何不打造一支復古未來主義手機？這樣的作品既好玩又有藝術氣息，更讓人思考我們和科技與文化之間的關係。

我開始在咖啡店紙巾上手繪一些草稿。我不是藝術家，但是手繪草稿能幫我將想法視覺化。

我所想到的大部分概念對我來說都太困難了。我的3D列印技巧（從初學者開始）還需要再練練，才能做出圖 **A** 草稿這樣的手機。

經過一番腦力激盪及一些原型製作後（圖 **B** 和 **C**），我逐漸接近最終版概念。

我繼續微調，最後定稿。直到 2016 年底我都把時間花在土法煉鋼，製作客製化零件和開發已經有完整解決方案的功能。天哪，我幹嘛不一開始就用現成零件呢？

最後，我終於完成裝得下所有現成零件

鮑伯・墨菲 Bob Murphy
一個已經退休的老傢伙，有很多充裕時間可用來偷走別人的作品然後搞成面目全非（但有時能正常運作）的大雜燴。

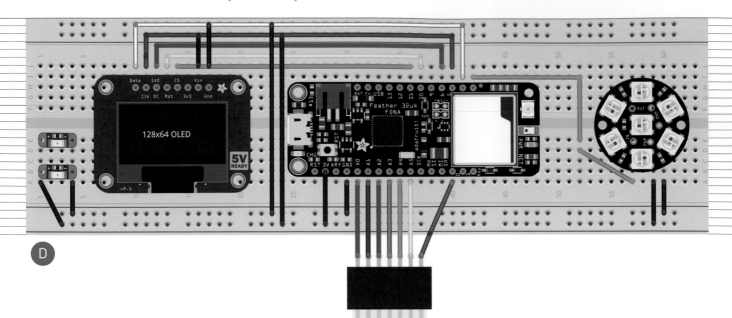

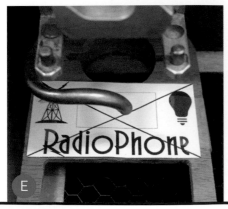

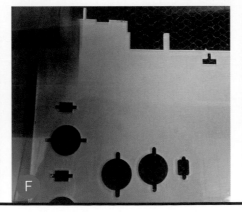

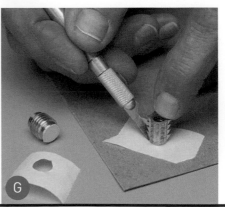

Fritzing, Bob Murphy

的手機殼，總算將工業設計定下來。

此時仍然有些機構設計上的限制。我想要這支手機正面跟iPhone 6差不多大，當然還是會比iPhone 6厚大約1吋。沒多久Adafruit推出了新版Feather Fona，能大幅改善我的設計，所有零件尺寸可以變得更小：處理器、Fona模組和充電器都可以搭載在一塊板子上！我必須為Feather Fona修改我的設計，包括機殼必須寬一些，調整USB充電埠的位置等等。

最後加上一點點的妥協，總算獲得滿意的機殼。以下是我的製作步驟。

重要心得：

千萬別從機殼開始做！我應該從元件開始，讓板子可以運作後，再設計裝得下板子的機殼。

可到我的部落格thisoldgeek.blogspot.com看完整的製作解說。你可以從github.com/thisoldgeek/DieselPunk-Cellphone下載程式碼和CAD設計檔案。

下載草稿碼和組裝元件

從Github檔案庫下載Arduino草稿碼，上傳到Fona。組裝元件（圖 **D**），確保一切運作正常。

切割機殼跟銘板

用Github專題頁面上的設計檔（背後的銘板可有可無）在 1/2" 木板上切割出機殼。打磨機殼並移除固定用記號。

雷射雕刻上蓋正面。我設計了一個商標，檔案也放在Github上。你必須讓商標圖案和OLED螢幕置中對齊（圖 **E**）。

以雷射切割機切割出覆蓋喇叭和麥克風用的壓克力板（圖 **F**）。

以膠帶貼住螺紋襯套（圖 **G**）後放入上蓋上的孔內，用環氧樹脂固定。小心別讓環氧樹脂滲入襯套中。

用三秒膠將散光片貼在黃色壓克力板背面，將兩片壓克力板固定在機殼上。

如果你有製作銘板，將銘板用三秒膠固定在背蓋上。我為這支手機設計了一個Motorola商標銘板，你也可以用復古字體自己設計一個。

FEATHER FONA腳位　3　5　6　　　+V GND

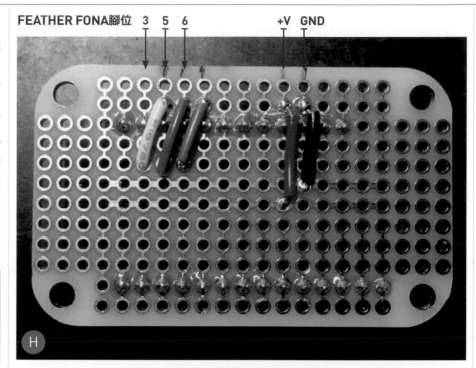

組裝電子元件

準備電路板。由於OLED螢幕和Feather Fona的擺放方式所需，你得為它切出一些電路，並加上一些跳線（圖 **H**）。

超重要：

你必須把鍵盤上的排針解焊，改焊上90度排針。不然會塞不下。

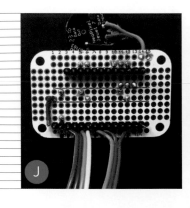

FM天線焊點

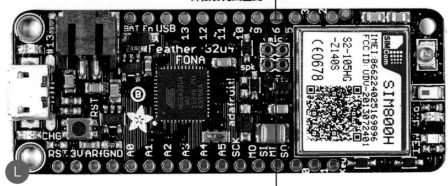

焊接麥克風至此

焊接喇叭至此

Feather Fona USB

Feather Fona
2號腳位

Feather
Fona USB

將OLED螢幕放進機殼中相對的位置，用熱熔膠固定，接著固定鍵盤。我在喇叭壓克力板後面加了復古的格狀織物裝飾（前頁圖 I）。

將Perma-Proto洞洞板焊上跳線以連接鍵盤。並將NeoPixel Jewel LED焊到板上（圖 J）。

如果你想加上FM收音機功能，焊一條3.1呎的22 AWG線到背面的天線接點上（圖 K）。你需要把天線繞著鍵盤和其他機殼上方的元件。因為這顆喇叭的音域很窄（～ 600 Hz-10 kHz），說話聽起來還可以，但是FM無線電高頻會不見，聽起來不是很悅耳。

如果你喜歡，也可以焊一些Adafruit的LED亮片到Perma-proto洞洞板上（僅限於+V/GND），讓麥克風處產生背光效果。如果你打算採用這個效果，記得先完成這個步驟再固定電路板。

Feather Fona電路板有麥克風和喇叭的接點（圖 L）。從上方插入喇叭和麥克風導線，焊到接點上，在Fona底部加點焊錫。

將JST-PH電池延長線接到電池上的接頭，整組放在喇叭位置的下方。延長線另一端會接到背蓋上的開關。

將Feather Fona接到OLED針腳上進行測試。USB針角應接到Perma-Proto的5號腳位（圖 M）。

將Feather Fona焊接到位。用絕緣膠帶貼住喇叭下的焊接處，以防短路。裝上喇叭，用熱熔膠固定。

將JST延長線修短，使其剛好可接到背蓋上的12 mm開關，焊接延長線與開關和喇叭（圖 N）。用絕緣膠帶貼住焊接處以防短路，接著測試開關是否能正常運作。用三秒膠固定開關。圖 O 是組裝完成的樣子。

打電話

要使用手機時，按下背蓋上的紅色開關。麥克風會亮起，你會看到螢幕上出現簡短的「Welcome to RadioPhone」（歡迎來到RadioPhone）文字。接下來，螢幕會顯示「Looking for Network」（尋找網路）。如果電話連接到行動網路，你會看到「Connected to Network！」

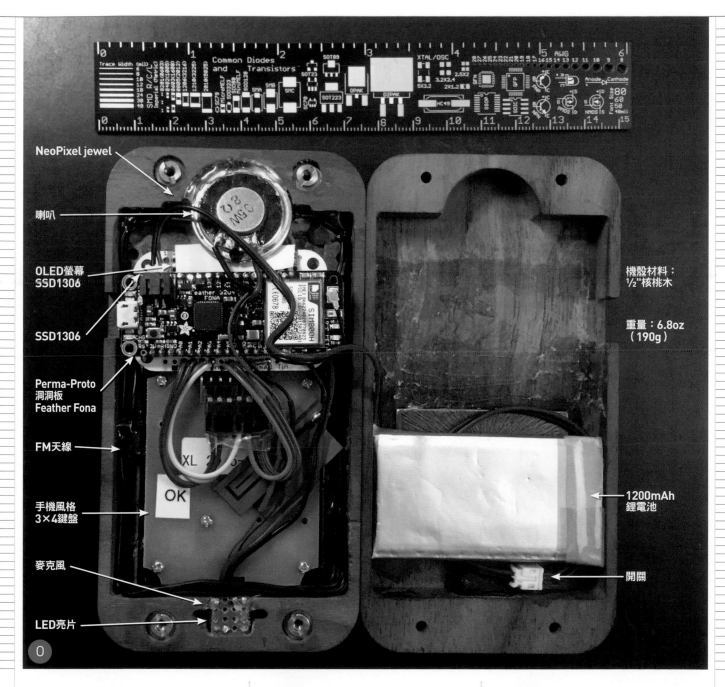

NeoPixel jewel

喇叭

OLED螢幕 SSD1306

SSD1306

Perma-Proto 洞洞板 Feather Fona

FM天線

手機風格 3×4鍵盤

麥克風

LED亮片

機殼材料： ½"核桃木

重量：6.8oz （190g）

1200mAh 鋰電池

開關

OK

0

（已連接網路）文字出現數秒。喇叭背光會亮起，選單會出現。如果沒有找到行動網路，則會一直停在「Looking for Network」。

選單螢幕左上角會顯示訊號強度和電池電量。來自電信公司的日期和時間資訊顯示在螢幕中間。螢幕下方是功能選單。你可以撥號（按下鍵盤上的1），打給五個最愛號碼的其中一個（按下2），或選擇五個預存FM無線電臺的其中一個收聽（按下3）。#字鍵在鍵盤右下角。來電會發出聲音，只要照螢幕指示，按下#按鍵

就能接聽。*字鍵在鍵盤左下角，按下後可將手機變成手電筒，喇叭下方7顆LED都會亮起。

要打電話按1，螢幕顯示「Number Please!」（請輸入號碼）後輸入號碼，接著按*字鍵。你可以按#退出這個畫面。若要撥給常用號碼，按2顯示常用號碼選單，再按下要撥打的號碼的編號。你必須在腳本中預先寫好常用號碼。按3顯示最愛的FM電臺，一樣也是寫在程式碼中（沒有小數點，例如「98.1 FM」會顯示成「981」），再按下要收聽的電臺編號。

手機使用完畢後，只要再次按下背蓋的紅色按鈕，就可馬上關機。沒有冗長的關閉電源流程，可喜可賀！ ✏

更詳細的製作步驟、影片和其他資訊，請見thisoldgeek.blogspot.com。

Teeny-Tiny
Spy Bug

文：湯姆・史奈德　譯：葉家豪

小小間諜蟲 打造全世界最小的FM訊號發射器來滿足你所有的間諜活動需求

湯姆・史奈德
Tom Schneider
來自加拿大的電子技師。對所有新科技都非常有興趣，喜愛製作獨一無二的專題。

時間：
約3小時
成本：
10~20美元

材料
» **印刷電路板** 到專題網站 makezine.com/go/tiny-fm-spytransmitter 下載 Gerber 檔案，然後向印刷電路板（PCB）賣家買一塊自己的板子；我用的電路板是 OSH Park（oshpark.com）。
» **表面黏著元件** 請見右列必備元件清單。

工具
» **細頭烙鐵** 尖端直徑小於 0.8mm
» **顯微鏡** 有至少 20 倍的放大倍率。平價的 USB 顯微鏡即可
» **錫膏**
» **焊錫** 直徑最好小於 0.5mm
» **鑷子**
» **電動砂磨機、扁挫刀或 Dremel 電動磨刻機** 用來去除殘留在 PCB 板上的多餘材料
» **穩定的雙手！**

Hep Svadja, Juliann Brown

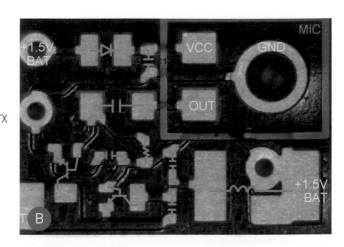

Circuit diagram labels:
- Max 1.55V VCC
- A
- C4 12pF
- L1 220nH
- C5 5.6pF
- Q1 BFR360L3
- D1 BAT54LPS-7
- C3 100nF
- R1 1M
- TX
- VDD
- C1 100nF
- MIC ICS-40310
- OUT
- Q2 MMBT3904SL
- C2 2.2µF
- GND

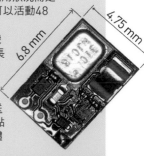

想要像特務一樣竊聽嗎？讓我們告訴你如何打造一隻小小的間諜蟲，你只需要一個尺寸超小、而且只需1.5V供電的FM訊號發射器即可。經過測試，照著這些步驟進行，即可做出一隻間諜蟲，不過這需要相當精巧的焊工——顧名思義，是微距工程！

備註：
一旦你做好了間諜蟲，你也必須了解你的國家和國際上針對這種電子產品的規範。

電路

在電路圖（圖Ⓐ）左邊的麥克風，其最大電壓額定值是1.45V。因此整個電路採用的電池電壓就必須降到一個較低的水準，因為多數鈕扣型電池的額定電壓都高於1.45V。因此蕭特基D1二極體就是為了這個目的而存在的，在大約18微安培（μA）的極低麥克風電流通過時，其電壓降數值僅有150mV。

備註：
如果你用的是充電電池，那麼就可以省略二極體，而在電路組焊上跳線即可，因為這類電池的額定電壓通常只有1.2V。

接下來麥克風輸出訊號會通過2.2微法（μF）的電容流至電晶體Q2。這個過程是用來調節振盪器頻率的。這個系統中的振盪器，包含C4、Q1、L1和C5，會依下表列出的元件規格數值、以81兆赫（MHz）的頻率振盪。藉由採用不同數值的C4和/或L1便能調整振盪器頻率。額定數值增加會降低振盪頻率，反之則會提高振盪頻率。

電子元件

為了完成間諜蟲，你會需要目前市面上可見、體積最小的電子元件。甚至你可以調整電子元件擺放的位置將間諜蟲縮得更小，不過這並沒有什麼意義，因為市面上體積最小的鈕扣電池直徑就有4.8mm。

我在Digi-key網站（digikey.com）上買到全部所需的元件，但你也可以選擇到其它的供應商採購，例如Mouser。嚴格來說並沒有電阻和電容並沒有確切的規格型號，因為各家供應商生產的型號並不相同，而且也可能隨時改變。對被動元件而言，只有電容量、電阻數以及想當然爾的體積，才是需要考慮的重點。用來控制頻率的電容最好採用作業溫度穩定的型號，例如NPO。這裡我們都選用頻率是81兆赫的電子元件來控制頻率。至於線圈，記得選用空心線圈以及有高Q值的產品（圖Ⓑ）。

電路板

你可以在 makezine.com/go/tinyfm-

電子元件	型號／數值	組件／體積
MIC	MEMS類比麥克風（ICS-40310）	長方形，3.35mm×2.5mm×0.98mm
D1	蕭特基二極體（BAT54LPS-7）	2-XFDFN，1.0mm×0.6mm
C1, C3	陶瓷電容，100nF	01005，0.4mm×0.2mm
C2	陶瓷電容，2.2µF	0402，1.0mm×0.5mm
R1	電阻，1MΩ，$^1/_{32}$W	01005，0.4mm×0.2mm
C4	陶瓷電容，12pF，NPO	01005，0.4mm×0.2mm
C5	陶瓷電容，5.6pF，NPO	01005，0.4mm×0.2mm
L1	繞線空心電感線圈，220nH，（LQW2BASR22J00L）	0805，2.09mm×1.53mm
Q1	電晶體，NPN（BFR360L3）	TSLP-3，0.6mm×1.0mm
Q2	晶體，NPN（MMBT3904SLCT）	SOT923F，0.6mm×1.0mm
電池	1.2V-1.55V	SR416SW，1.6mm×4.8mm

必備元件：

間諜蟲規格
» 體積：4.75mm×6.8mm（0.187"×0.268"）
» 電源供應：最小1.1V，最大1.55V；通常使用氧化銀鈕扣電池。
» 電流消耗：<200毫安培
» 使用時間：依電池耗用狀況而定。以市售最小的電池可以活動48小時。
» 訊號範圍：最大訊號範圍，為天線1/4波長的長度（也就是在85MHz頻率下訊號範圍為88cm），在空曠地區可傳送距離為50m。短一點的天線可能影響整體訊號範圍。

Tom Schneider

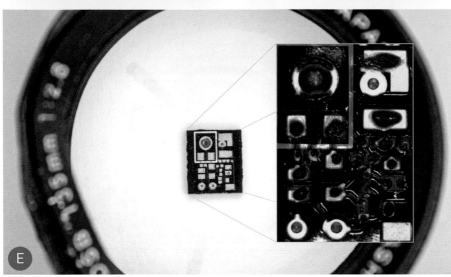

0.2mm，而且布線間的距離也一樣狹窄。

組裝

接下來要將所有電子元件組裝到電路板上，這時候你將會需要使用顯微鏡。在你動手組裝之前，建議你可以到youtube.com/watch?v=_Na0Ac7FTbk參考我的教學影片。另外因為印刷電路板非常輕，所以建議先將板子固定在桌面上，再依照下列步驟動工：

首先，用針或細鐵絲在每個金屬部件上塗一些錫膏（圖E）。如果不小心塗了太多，記得擦掉多餘的錫膏後再開始焊接。接下來，請小心地將電子元件擺放在金屬部件上（圖F）。然後稍微往下按壓，以免電子元件滑動。

接下來，請用瓦斯爐或烤箱將整塊板子連同電子元件一起加熱到480°F（250°C）。如果你是用烤箱來加熱，必須是不能產生太強的氣流流動的烤箱，否則所有的元件會被吹走。

當板子加熱到適當溫度的時候，塗了錫膏的地方就會冒煙。而焊接點會熔化，將元件固定在印刷電路板上（圖G）。這個時後就可以停止加熱（並且打開烤箱門）。

繼續加工前，請先讓板子冷卻。如果你是用瓦斯爐加熱，要立刻將板子從最熱點移開，以免損壞敏感的MEMS麥克風。

電池是SR416SW鈕扣式電池，你可以在板子上安裝一個電池夾，或在板子上的通孔（或稱導孔）焊上兩條短鐵絲當做DIY電池夾，然後將電池正極與電路板相連（圖H）。當然你也可以選擇焊上鐵絲與電路的地線（GND）和+1.5V金屬板相連，再與其他類型的電池連接。

振盪頻率和天線

我會刻意選擇81MHz頻率，是因為在多數國家FM頻寬87.5MHz ～ 108MHz的訊息量已經過於壅塞，這會讓間諜蟲發訊器相對弱的訊號難以接收。請用掃描器或國際廣播電臺來聽間諜蟲的聲音。

在某些國家，廣播電臺會用76MHz ～ 88MHz的頻率來播送，而內建廣播接收器的智慧型手機則可以調整來接受這個頻段的訊號。

理想的天線長度至少要是波長的1/4。這

spy-transmitter下載Gerber檔案，然後寄給任何一家印刷電路板製造商。訂製體積這麼小的電路板，我建議選擇透過像OSH Park這樣的公司，他們會蒐集不同客戶的訂單之後合併在一張大PCB上一起製造。透過這個方式，每張小PCB的製造成本將可大幅下降。

圖C和D就是PCB剛出廠的樣子。由於它們是先被拼接製造，完工後再從母板上分拆下來，所以你必須先用砂磨機將PCB邊緣多餘的材料磨掉（用扁銼刀或Dremel電動磨刻機也可以）。這次的電路板可能沒辦法在家裡用碳粉熱轉印法或其他類似方法自製，因為布線寬只有

Tom Schneider, Jordan Bunker

裡列出一個經過測試的調整數據供參考：

C4	C5	L1	頻率
12pF	5.6pF	220nH	81MHz

天線長度	範圍（開放區域）
92cm (36")	160ft

若選擇不同的振盪頻率，那麼天線長度也要做出相應調整。波長則可以用下列公式來計算：

$$\lambda = v/f$$

其中λ代表波長，v是光速、或大約每秒300,000公里，而f代表頻率。

如果你想在較小的範圍內操作間諜蟲，天線長度也可以比1/4波長來得短（圖 I）。要用短「鞭」天線，可以在天線線路和發射器之間連接數十nH電感測值的電感器。經過數次測試後便可以取得最佳的電感數值。

細部調整

» 除了用MEMS麥克風以外，你也可以用駐極體電容麥克風，也就不需要安裝二極體了。

» 如果聲音輸入訊號太強，可以再加裝一個C2系列的電阻。同樣也需要經過試驗後才能得出適當的電阻數。

» 如果在室內環境監測下出現低頻噪音，類似電扇的聲音，C2電阻值就可以降低。整個電路組在100nF以下的環境皆能正常運作。

我會繼續優化這個專題，你可以在專題網站上持續關注更新的消息。同時如果你有其他問題，也可以寫信給我（tomtechtod@gmail.com）。現在，開心地做實驗吧！

到youtube.com/watch?v=wMkaN21K5S0上看看湯姆的最新專題：一隻裝在一般原子筆中的915MHz特高頻SMD間諜蟲。

到makezine.com/go/tiny-fmspy-transmitter分享你的間諜蟲並瀏覽更多照片。

Raspberry Pi Weather Dashboard
樹莓派天氣資訊板

文、圖：黃泰穎

這個輕巧看板讓你出門前一秒掌握最新氣象資訊

想像一下早上出門上班前，只要抬頭看著放在桌上或壁掛在牆上的天氣資訊板，就能馬上知道當天重要新聞資訊——不管是天氣預報、太陽升降預測時間、風速、現在時間、即時新聞頭條RSS，還是個人行程表一應俱全，還能用自己喜愛的照片當背景。只要跟著下列步驟製作，就能一次掌握這些好用的資源，打造自己專屬的天氣資訊板！

整體規劃與前置作業

近年來在科幻電影中，時常可以看到一些大尺寸的顯示器，上頭有著許多酷炫設計並能提供各種資訊。當然，我們目前仍無法打造出像電影中那麼眼花撩亂的功能（可能也不一定實用），但拜物聯網技術（IoT）日漸成熟，各種整合式開發板和感測器元件愈來愈可靠且容易使用，要打造自家專屬的顯示板已經不是難事。

這次專題的重點零件之一就是LCD螢幕。LCD螢幕建議選用至少22吋～24吋的產品（取決您的空間、預算和呈現效果），並建議選擇IPS面板。如果手邊僅有TN面板的LCD螢幕也無不可，不過TN的可視角遠小於IPS面板，作品完成後不管是掛在牆上或桌上，都要儘量站在顯示板面前才能看得清楚；採用IPS面板的顯示板可有較大的可視角範圍。另外，我不建議使用接頭端子位置和電源接頭往後的螢幕機種，因為未來如果想將顯示板掛在牆上或進行改造的話，會很難處理走線的安置。因此，最好選用使用LCD顯示器接頭端子位置方向往下或往其他側邊的產品，才不會因為線材的走向問題增加改造難度（圖Ⓐ）。

螢幕接頭建議使用HDMI轉HDMI（DP）短線。如果LCD顯示器上僅有DVI接頭介面時，建議使用HDMI轉DVI的線材，不要使用轉接頭。這是因為加上轉接頭後的接頭長度很可能會超出螢幕邊框，突出的線材會影響美觀（圖Ⓑ）。這次我就是將Pi固定在螢幕腳架下方（圖Ⓒ）。

以下歸納一下LCD選用重點：

» 22吋以上LCD顯示器（有較高預算時IPS面板優先）

» HDMI/ DP等數位端子介面（不建議使用VGA等舊式類比介面）

» 電源位置朝下排列

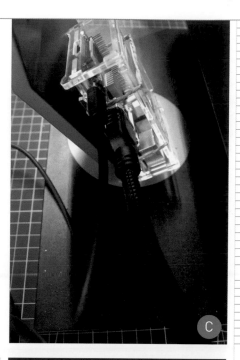

» 縮減 HDMI 線長度（小於 1m）
» 有支援旋轉的腳架，如要壁掛的話，選擇有支援 VESA 標準的接口

註冊 Dakboard.com 帳號

Dakboard.com（dakboard.com/site）是一個免費雲端資訊同步服務，提供一個簡潔的介面和多種服務，如畫面呈現的格式、時間設定、個人行事曆、照片底圖管理、天氣預報，即時新聞 RSS 連結及待辦通知功能。只要簡單進行設定，就可以使用強大功能完成自己想要的排版。你只需簡單註冊認證，就可以馬上開通使用，而且免費！

註冊完成且開通後，請先在個人帳號（Account Settings）頁面下找到一欄 Private URL 連結，顯示一串專屬的 URL。請先記下這個 URL 位置，後面設定步驟將會將這個連結填入 Raspberry Pi 的設定檔裡（圖 D）。

備註： 這個 PRIVATE URL 就是最後資訊板格式呈現的網址。

進行 Raspberry Pi 設定

1.下載及安裝作業系統

本專題使用了最新版本的 Raspberry Pi 3 Model B，已內建 Wi-Fi/BT 功能。作者使用舊規格的 Pi B+ 也能正常運作，不過舊型的板子可能需要外接 USB Wi-Fi 卡（圖 E）。

若您手邊正好有已可以使用的 Raspberry Pi 系統，那就可以先跳過以下的安裝部分。如相反，就跟著下列安裝步驟一步步進行設定：

a. 到 Raspberry Pi 官網下載安裝 Linux OS（www.raspberrypi.org/downloads/noobs/），推薦使用官方的 NOOBS 安裝檔（內含 Raspbian 作業系統）。

b. 下載完成後，將 NOOBS 資料匣內容全數複製至 Micro SD 卡（FAT 格式）。將 SD 卡插入 Raspberry Pi 上的卡槽，打開電源，NOOBS 將會引導所有的安裝程序。過程中可以依自己喜好選擇系統語系（繁體中文或英文），並請記得自己的 root 帳號及密碼。

若仍不清楚如何下載及安裝 NOOBS 的話，可以先到 Raspberry Pi 官網觀看安裝教學（www.raspberrypi.org/help/noobs-setup/），影片提供非常明瞭的指示。

c. 整個 NOOBS 安裝設定完成後，你應該已經能看到 Raspbian 系統的桌面了。

黃泰穎
Tom Huang
待過資訊電子產品驗證實驗室和美商 BIOS 公司。閒暇時喜愛 DIY 的自造者，興趣包含透明水彩、音響及攝影，也是喜歡去日本旅行的愛好者。

時間：
約 5～7 小時
成本：
2,000 新臺幣起

材料

» **LCD 螢幕** 22 吋以上，支援 HDMI 或 DVI 輸出 IPS 面板尤佳
» **Raspberry Pi 3 單板電腦** 建議使用，更舊版本也可以。需有 Wi-Fi/LAN 模組。
» **Micro SD 卡** 8GB 以上
» **HDMI 短線** 或 HDMI 轉 DVI 線
» **AC 110V 轉 DC 5V 變壓器** Raspberry Pi 用

工具

» 熱熔槍
» 烙鐵與焊錫
» 尖嘴鉗
» 斜口鉗
» 束帶或固定用膠帶

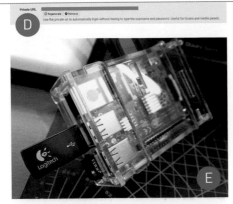

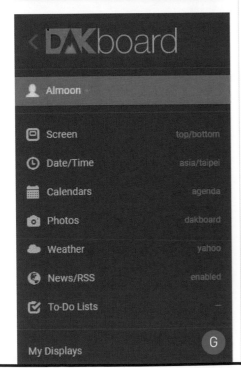

2.指定功能與網路設定

在此步驟中，我們要讓 Raspberry Pi 在開機後直接載入瀏覽器，在畫面為全螢幕的狀態下讀取 Dakboard 的網頁資料；而這些過程中無須使用鍵盤及滑鼠。當然，我們可以經由遠端登入的方式進行日後的維護操作。

首先打開 Terminal 程式，輸入

```
sudo raspi-config
```

或是在桌面環境下，點選左上的選單 Preferences\Raspberry Pi Configuration 也可以開啟設定畫面。

在此設定畫面我們要指定一些功能：
» Boot to desktop
» Enable SSH
» Set the Timezone
設定完成後存檔離開。

接下來設定 Wi-Fi 網路連線：在桌面右上方有個上下箭頭符號即是網路設定，選取您的網路名稱及登入密碼。

或是在 Terminal 下輸入：

```
sudo nano /etc/wpa_
supplicant/wpa_
supplicant.conf
```

檢查及修改內容

```
network={
    ssid="填入網路名稱"
    psk="填入Wi-Fi密碼"
}
```

若確定無誤後，按 Ctrl+O 存檔，再按 Ctrl+C 離開。

3.安裝unclutter

接下來安裝 unclutter 程式，這支程式會將滑鼠指標等東西暫時隱藏起來。

在確定 Raspberry Pi 板可以正常連上網路後，在 Terminal 輸入：

```
sudo apt-get install
unclutter
```

待安裝完成後，再輸入

```
sudo nano /boot/config.
txt
```

在此內文尾端打入以下設定：

```
# Display orientation.
Landscape = 0，Portrait = 1
display_rotate=1

# Use 24 bit colors
framebuffer_depth=24
```

備註： DISPLAY_ROTATE= 0~3 為畫面輸出模式，0 為正常橫式輸出、1 為畫面旋轉 90 度輸出、2 為畫面旋轉 180 度輸出、3 為畫面旋轉 270 度後輸出，可依使用需求設定。

FRAMEBUFFER_DEPTH=24 是輸出色深為 24BIT。

最後找到 disable_overscan，確認它的值為 1，而且沒有其它註解符號（＃字）在這字串之前。

```
disable_overscan=1
```

確定以上三個部分都修改無誤後，按 Ctrl+O 存檔，再按 Ctrl+C 離開。

4.更新系統

在 Terminal 中依序更新系統及安裝套件，第三個指令是安裝 Raspberry Pi 專用的 Chromium 瀏覽器。

```
sudo apt-get update
sudo apt-get dist-upgrade
sudo apt-get install -y
rpi-chromium-mods
```

以上程序都完成後，我們需要 Raspberry Pi 在開機後自動輸出畫面最大化載入 Chromium 瀏覽器，並讓畫面自動指向 Dakboard 的網址頁面。

在 Terminal 下輸入：

```
sudo nano ~/.config/
lxsession/LXDE-pi/
autostart
@xset s off
@xset -dpms
@xset s noblank
@chromium-browser
--noerrdialogs --incognito
--kiosk http://dakboard.
com/app/?p=YOUR_PRIVATE_
```

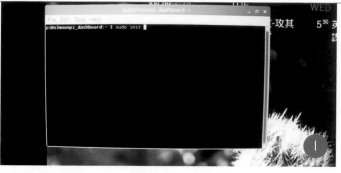

URL

最後一行是我們新增的http://dakboard.com/app/?p=YOUR_PRIVATE_URL，請填入前文提到的仕個人帳號→Private URL（Account Settings）頁面下找到的一欄Private URL連結。

現在我們已經完成大部分所需的程式套件，也更新好整個Raspberry Pi了，接著可以重新開機了！在Terminal下輸入：`sudo reboot`

在重開機過程中，你將會發現所設定的旋轉90度功能已經被載入（圖**F**）。

待全螢幕輸出顯示相關資訊都載入成功後，一臺專屬的天氣資訊板就完成了！

Dakboard 個人化設定

資訊板的硬體與程式設定已經大功告成，在這裡將進一步告訴你如何設定相關功能及視覺排版。首先我們先登入Dakboard後臺（dakboard.com/site），左側有一些功能分類（圖**G**）：

Screen：決定顯示位置（直排或橫排）、語系及字體。字體大小建議選擇Large/X-Large，在閱讀時比較不吃力。

Date/Time：時間格式／時區設定。在臺灣，我們在Timezone選單中可選擇Asia/Taipei。時間的格式或時鐘樣式則可依自己喜好決定。

Calendars：個人行事曆。支援Google，Apple iCloud，Facebook和Office 365等行事曆功能。你可依各家服務取得專用的iCal連接網址，再貼入Calendars欄位中；若成功取得同步，就會顯示於資訊板。

Photos：提供了許多圖庫功能，例如Flickr，Google，Dropbox，Instagram，Bing或自訂圖片等。

> **注意**：這裡的照片連接需為公開相片庫才能正常讀取，不過預設的DAKBOARD也內建不少高畫質的照片集。

Weather：天氣預報。提供華氏／攝氏溫度單位切換，以及大氣預報中心來源。建議溫度單位選擇Metric、天氣預報中心來源選擇Yahoo!，地區則選擇Taipei（圖**H**）。

News/RSS：即時新聞頭條。你可以自行設定喜愛的新聞RSS連接（中英文皆可），如Apple News的國際新聞頭條連結（www.appledaily.com.tw/rss/newcreate/kind/sec/type/7）。必要時須多試幾組或使用較大網站提供的RSS服務。

To-Do Lists：待辦事項通知。支援Wunderlist服務。

更進一步

這個專題還能進一步改造成與鏡子合而為一的顯示系統。請就近找一間玻璃行，購買適合大小的單向鏡（一般的鏡子是雙向鏡），動手做一個和螢幕相合的木框；再將Pi連同電源線、LCD螢幕都放進去即可完成（可能需要拆掉螢幕外殼，如果沒有相關經驗還請小心注意）。如此就能在每天起床後一邊照鏡子、一邊閱讀鏡中的即時相關資訊了！

你還可以：

1.整合電源

在這次實作裡除了LCD螢幕的AC電源之外，Raspberry Pi的Micro USB AC-DC變壓器供電也會再佔用一個電源插座。為此，我們可以將市售電源分接到市面上常見的AC110V/ DC 5V, 2A電源轉換器模組供電至Raspberry Pi就可以少接一個變壓器。

2.增加其它資訊

在前述設定中，我們知道/.config/lxsession/LXDE-pi/autostart這個檔案中存放的網址便是Raspberry Pi會自動抓取的網頁，所以如果需要加入探測分析／監控等自訂內容網頁，只要更換內文的網址即可。

3.進行遠端設定與維護

遠端登入：由於最後成品大都不會再插上鍵盤或滑鼠等裝置，所以我們可透過SSH協定，以Wi-Fi遠端登入Raspberry Pi系統。

直接控制Pi主機：在全螢幕畫面展示時仍可以插上鍵盤滑鼠，按下Ctrl+ Alt +D鍵也可以叫出Terminal進行維護或升級（圖**I**）。

關機：`sudo init 0`
重開機：`sudo reboot`

Raspberry Pi還有許多強大的資源及感測器模組可供使用，你可以加個紅外線讓顯示器在有人靠近時打開、離開時自動關閉；或是使用遙控器來進行控制。動動腦將你的電子實作經驗及Maker點子應用到日常生活中吧！ ✦

> 將陸續整理作品分享於部落格almoon-com.wordpress.com。

Come Glide With Me

和我一起滑翔吧！

改造空氣火箭發射器，讓你的
滑翔機翱翔天際

文：凱薩琳・小澤與里克・希爾多　譯：花神

里克・希爾多
Rick Schertle

在加州聖荷西 Steindorf K-8 理工學校經營 Maker 實驗室，他常為《MAKE》雜誌撰稿，也曾出版《Make：飛機、滑翔機與紙火箭》（暫譯）一書，同時為 Air Rocket Works 創辦人。除了他之外，他的太太跟孩子也都很喜歡會飛的東西。

凱薩琳・小澤
Katherine Ozawa

畢業於美國賓夕法尼亞州斯沃斯莫爾學院電機系後，便從事於教育工作。她目前結合自己的背景創造博物館體驗模式，專注於鼓勵孩子以具體且刺激的方式解決工程問題。

時間：
1～2小時
成本：
發射器109美元，
滑翔機3～5美元
（依材料有所不同）

材料

滑翔機：
» **ABS 塑膠管，10"** 購自 Air Rocket Works（airrocketworks.com），用於滑翔機機身
» **軟的泡棉火箭鼻錐** 購自 airrocketworks.com 網站，用於滑翔機鼻錐
» **翅膀材料** 可自由選擇各種材料
» **硬質泡棉隔層** 我們用的是 Owens Corning Foamular 系列隔熱材料。
» **免洗保麗龍盤**
» **硬紙板**
» **發泡板**
» **塑膠板材** kitronik.co.uk
» **魔鬼氈，³/4"**，背後可黏貼（非必要）
» **橡皮筋**
» **墊圈，¹/4"** 加重用
» **透明膠帶**

發射器：
» **空氣火箭發射器套件** 內含 ¹/2" PVC 發射管，可於 airrocketworks.com 或 makershed.com 購買
» **鋼製 NPT 螺紋彎頭，¹/2"** 可於五金行、 airrocketworks.com 或是 mcmaster.com 購買（McMaster-Carr #44605k134）
» **止洩帶** 發射器套件包裡有

工具

滑翔機：
» **熱熔槍**
» **剪刀**
發射器：
» **可調整式扳手**

Hep Svadja

美國加州聖荷西科技創新博物館（The Tech Museum Of Innovation）裡的科技工作室（The Tech Studio）是一個互動體驗空間，希望透過設計挑戰學習的方式激發每個人心中的 Maker 魂！最近的工作室計劃是「Just Wing It」，主要目的是想要帶出我們對飛行共有的憧憬和想像。

在 Just Wing It 中，參觀者可以選擇各種材料來打造出自己專屬的飛行設計。為了刺激具有創意的設計，展覽中也包含了許多仿生及異想天開的機翼。而這些新「翅膀」都被裝到了里克的尼龍空氣火箭滑翔翼機身上。

至於測試裝置的部分，我將空氣火箭發射器改為兩人用，讓參觀者也可以同時看到他們的創作在天上翱翔。現在整個裝置已經模組化，參觀者可以不斷測試新的設計，然後持續改良。

在 Just Wing It 計劃進行的過程當中，最讓人感到滿足的部分，就是看著參觀者不斷改良自己的設計，直到讓滑翔機能飛抵天花板。通常在那一瞬間，博物館裡就會爆出一小陣歡呼！

——凱薩琳・小澤

2008年，我第一次在《MAKE》英文版 Vol.15 中介紹空氣火箭發射器後，興起了一陣流行。過了一段時間後，我發現這不只可以當火箭發射器，還可以發射其他物品！

去年，科技博物館來與我洽談一個展覽，讓我終於可以將這個構想付諸實現。

滑翔機發射裝置（見圖 A）用了最新版本的空氣火箭發射器，為木頭與金屬材質的工業設計。在進行這一版的設計時，我在 AirRocketWorks.com 的夥伴基斯・維爾雷特（Keith Violette）不管是在設計或生產過程中都幫了大忙。在為創新科技博物館設計了展覽後，我們就開始使用特製的 ABS 塑膠管和橡膠套（滑翔機的鼻錐），可以直接連接到 ½" PVC 發射管上，讓一般民眾、老師或是 Maker Camp 營隊活動的負責人能夠更容易製作這個專題。

現在就跟著下列的簡單步驟，透過空氣火箭發射器來打造全新設計以及原型製作體驗吧！

——里克・希爾多

打造你的滑翔機——
以魔鬼氈快速製作

滑翔機有數種類型可供製作。我們為科技博物館的參觀者選擇的是做起來最快的魔鬼氈版本。

1. 將滑翔翼的鼻錐塞進輕量 ABS 管中，以膠帶黏好（圖 B）。如果沒有以膠帶牢牢固定，發射時即使力道不大（大約 10 或 15 psi），滑翔機也可能會解體。不過，如果忘了用膠帶黏上的話，你還是可用強力膠或熱熔膠固定。

2. 剪一段 10" 的可黏魔鬼氈貼到機身上（圖 C）。

3. 將魔鬼氈的另一邊黏到你的機翼上。在圖 D 中，我們用的是耐用的塑膠機翼，在科技創新博物館已經發射了上千次。現在孩子們可以快速更換上各種機翼來進行試飛囉！

打造你的滑翔機——
混合材料

1. 將滑翔翼的鼻錐塞進輕量 ABS 管中，以膠帶黏好，同前一專題（圖 B）。

2. 現在嘗試用各種材料製作機翼吧。你可以套用專題網頁中的模板或雷射切割檔案（makezine.com/go/glider-launch-rig），也可以自行設計。

3. 主機翼的部分，你可以將兩個機翼以某種角度黏起來，如圖 E 所示。

4. 將方向舵黏到升降舵上（見圖 F）。

5. 用橡皮筋將機翼綁到機身上，如圖 G 所示。在發射時由於機身受力的緣故，有時可能機身一起飛，機翼就掉下來了。如果發生這種情形，可能要多轉幾圈。

6. 現在滑翔機大功告成（圖 H），可以準備發射囉！

這個專題不管是選用的材料或製作規模都很有彈性。如果是給小小孩玩，可以用魔鬼氈讓孩子便於安裝及拆下各種不同的

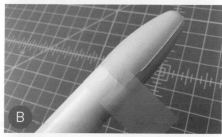

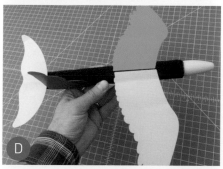

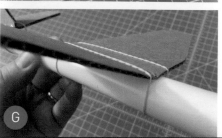

Rick Schertle

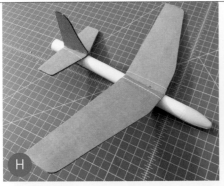

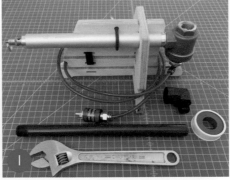

機翼與材料。你只需事先準備好數臺機身跟不同的機翼材料，讓他們自己嘗試就行了！在科技創新博物館的展覽中，我們就是採用這個方法，每天都可以試射上百臺滑翔機呢！

打造滑翔機發射器

1. 首先製作空氣火箭發射器，不過先不要加上½"發射管（圖 **I**）。

2. 在NPT螺紋彎頭公頭側加上止洩帶（圖 **J**），然後旋到QEV閥上（上面有標「R」的那個）。之所以需要彎頭，是因為QEV必須垂直擺放，這樣每一次發射後裡頭的橡膠隔膜才能重置。

3. 將彎頭旋緊於QEV閥上，注意指向要遠離發射器。

4. 現在請將½"灰色PVC發射管用螺絲旋到彎頭上，以90°角向外凸出（圖 **K**）。注意，彎頭和PVC間不須纏上止洩帶。你可透過轉鬆再旋緊發射器上控制壓力的蝶型螺帽來調整發射管角度。

5. 最後，我們要在發射器上加一個腳踏車的打氣筒或其他有壓力計的壓縮機。將滑翔機放到發射管上（圖 **L**），把滑動閥調至「加壓」模式，加到大概10～15psi的位置，這樣大概就很夠用來發射個50～100呎遠了。接著將滑動閥調回「發射」模式，滑翔機就會一飛沖天！

這是一個原型機測試裝置，所以你可以邊做邊試。用各種機翼尺寸和材料進行實驗，ABS管跟火箭鼻錐就是你的測試平臺！ 〓

改良設計讓你的滑翔機飛得更好

滑翔機的飛行軌跡理應是優雅向上，如果會突然失速，請試試看以下方法：

» 如果你的滑翔機會在鼻錐朝上後失速下墜，可以試著將主機翼往前調整，並在鼻錐上加點重量。在這裡提供一個增加重量的簡單方法：就是把鼻錐拿下來，用膠帶在裡頭黏上適量的¼"墊圈，然後再把鼻錐裝回去就行了。

» 如果你的滑翔機直接往地上栽，可以試著將主機翼往後調，或者在機尾加一點重量。

» 如果你的滑翔機飛得很平穩，但是會往左右偏，可以試著加上一個可移動紙板做的方向舵或副翼（用便利貼也可以）。

透過不斷實驗、嘗試錯誤和學習來讓你的滑翔機飛得又平又穩吧！

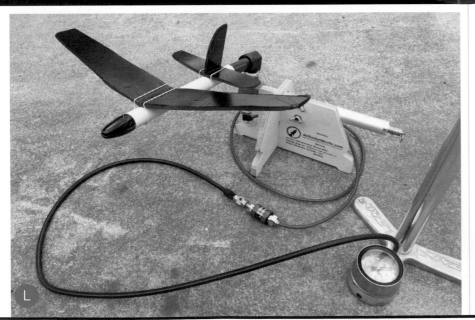

你可上makezine.com/go/glider-launch-rig下載模板及雷射切割檔案，或是分享你的滑翔機發射器。

Rick Schertle

馥林文化

Make:
The magazine for makers

動手玩科學

Tinkering : Kids Learn by Making Stuff

Make: 動手玩科學 柯特‧蓋比爾森

MAKERMEDIA 馥林文化

邊玩邊學的兒童教育

柯特‧蓋比爾森 Curt Gabrielson 著

潘榮美、劉允中 譯

定價 380 元

Just in Case

自製防撞工具箱
打造客製化泡棉墊隔板來運送你的易碎設備

文：查爾斯・普拉特
譯：張婉秦

查爾斯・普拉特
Charles Platt
著有適合所有年齡層的
《Make：圖解電子實
驗專題製作》及其續作
《Make：圖解電子實驗
進階篇》（中文版由馥林
文化出版），與全三冊的
《電子零件百科全書》
（暫譯）。新書《MAKE：
Tools》現正販售中。
makershed.com/platt

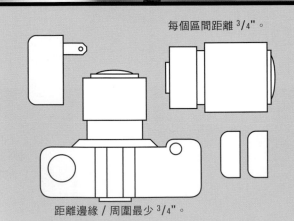

每個區間距離 ³/₄"。

距離邊緣 / 周圍最少 ³/₄"。

A 將設備如圖所示平放，量測所需的箱子尺寸。
灰色區域代表你準備要裁切的泡棉。

B 圖為派力肯（Pelican）出品的運輸箱。

Charles Platt

運送精密的電子或攝影設備其實很簡單，只要將其置於放有柔軟聚氨脂泡沫塑料中的堅硬外盒內即可。

問題是，如何達到這個目的卻不用花太多錢。

第一步是要想清楚需要多大的箱子。如圖Ⓐ所示，先將設備平放，物品之間以及與邊緣間最少距離¾"的寬度，標註放置所有物品所需的最小面積。接下來量測設備最高的高度，再多加至少1½"，這標示箱子內側所需的最低高度。

現在量好了尺寸，可以開始上網搜尋剛好或稍微大一點的箱子。派力肯（Pelican）的箱子是我的最愛。它們的產品幾乎堅不可摧，並有多種尺寸跟顏色，如圖Ⓑ範例所示。網頁pelican-case.com/chart.html有圖表列出所有外部與內部尺寸。記下符合你需求的型號。

全新的派力肯十分昂貴，不過因為它們非常堅固，所以買二手貨也不用擔心。在拍賣網站上搜索你想購買的型號，而且不要因為它們看起來很蹩腳就遲疑。用過的外殼上常常堆疊了許多貼紙，不過可以用刮漆刀搭配熱風槍或吹風機清除。任何殘留物應該都可以用一些溶劑消除，例如二甲苯，但是要戴上乳膠或腈橡膠手套，在通風良好處進行，並且不要讓溶劑長時間停留在外殼上。如果最後外殼顯得混濁黯淡，可以用細的鋼絲刷來刷洗拋光，重現乾淨的外表。

如果用過的箱子裡面有泡棉墊，可以丟掉。我認為聚氨脂泡沫塑料最好能精確地符合設備尺寸。為達到這目的，有所謂的「選挖」（pick-and-pluck）海綿墊，它一部分已經被裁切成數個小的正方形，可以自行挖出設備所需的空間。不過，就我個人而言，比較偏好買一大塊海綿墊，然後自己客製裁切。類似JoAnn的布料店有販售做為椅墊的泡棉。

你需要三個部分：兩個相對較薄的泡棉板，安裝於蓋子和底部，以及中間一個較厚的泡棉板，圖Ⓒ展示標準的成果圖。想知道頂部與底部的最適厚度，就用箱子內部的高度減去最大物品的高度，再除以2，最後再加上½"，這樣關上箱子時，泡棉就會固定住設備。

裁切泡棉會比想像中的困難。用木頭鋸子只會搞的一團亂，弓鋸會好一點，可是不好控制；菜刀的話容易卡住；有鋒利鋸齒的麵包刀還蠻好用的，可是拿來進行垂直裁切仍是個挑戰；要切割出長、直而深的切口的話，電動雕刻刀是最理想的工具。將泡棉輕輕固定於夾板跟工作臺中間，把想要裁切的部分露出，此時，戴好工作手套是很明智的預防措施，當然千萬不要將刀鋒面向自己。

切出中間部分的泡棉後，你需要挖出符合設備大小的洞。用奇異筆沿著設備描繪出形狀，內縮¼"之後裁切，這樣物品才會被安全固定住，同時也能輕易拿出、放入。手持線鋸便宜，也易於裁切出曲線，在我的新書《Make：Tools》中，也會告訴你許多手工具的使用方法。

圖Ⓓ顯示照相機跟充電器的切面。圖Ⓔ則秀出泡棉安裝於小箱子的成品，而這篇文章第一張大圖則展示設備放置好之後，隨時可攜帶出門的最終成果。

如果裁切泡棉還是太有挑戰性，有另一個較簡單的選項。你可以裁切泡棉塊，然後組合在一起，如圖Ⓕ和圖Ⓖ所示。這個方式的優點是，如果你買了新的設備，可是尺寸不同時，可以隨意排列泡棉塊。

不論用哪一種方式，你都會因為安心而感到輕鬆，因為知道這些昂貴的器材被妥善保護著。你可以將這個運輸箱隨意丟在交通工具的後座，而不用擔心設備滑落到地板，或是埋在其他東西下面。你也會有充分的自信讓它跟著托運行李一起上飛機。記住，雖然派力肯（Pelican）的箱子可以使用掛鎖，可是美國運輸安全管理局TSA的規定要求必須使用經過認證的海關鎖，讓海關能中途開箱檢查。◐

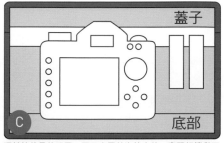
蓋子

底部

運輸箱的最終視圖，展示安裝於泡棉中的一臺照相機與兩顆電池。

用線鋸可以裁切出放置設備的空間，像是照相機跟電池充電器。

右側的空間能放置配件，例如電線這種不需要高度防護的物品。

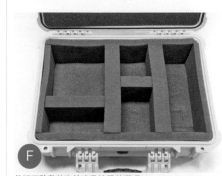
裁切可移動的泡棉塊是簡單的選項。

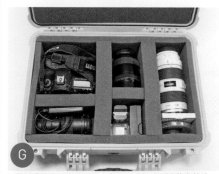
如果採購了不一樣的設備，你可以重新排列這些泡棉塊。

Better Times

文：賴瑞‧柯頓　譯：謝明珊

清晰時刻 用步進馬達打造讓人一目瞭然的類比時鐘

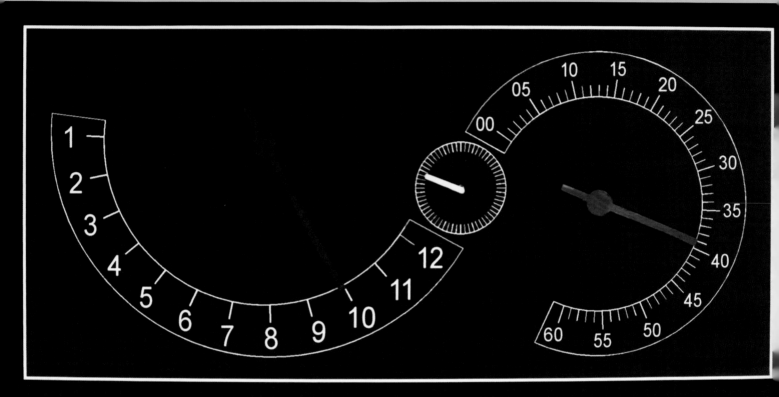

過去的時鐘使用機械運作，因為這個緣故，鐘面皆發展成圓形（圖 Ⓐ）。如今以電力運作的時鐘已非常普及，卻仍沿用圓形的鐘面以便指針旋轉。由此，我們已經非常習慣大多數時鐘都是圓形、上面有兩根或三根指針旋轉了。我們就不提那些無聊的電子數位時鐘了……。

步進馬達的旋轉軸，可以雙向小幅度旋轉，也很容易控制轉速。既然如此，何不用來做時鐘呢？步進馬達時鐘的鐘面不必是圓形，但是一樣準確，也更容易看時間（想想孩子們要花多久時間學習「看時間」這件事），成本也非常低，在亞馬遜購買步進馬達和控制板組只要6美元。

看看圖 Ⓑ，現在是幾點呢？這個時鐘用了2顆步進馬達，時針和分針沿著圓弧轉動，十分容易辨讀。我甚至考慮過將指針的刻度變成直線（使用同步帶、齒條或齒輪，圖 Ⓒ 至 Ⓔ），但經過無數次挫折和深思熟慮，我決定使用2個圓弧，構成一個S形，加上一個只有1根秒針的便宜石英鐘機芯（AliExpress只賣0.5美元），用來顯示時鐘有在運作。

電子裝置

我用一個便宜時鐘來計時，包括一個石英晶體每秒振盪32768次的IC。另外使用一個二進位計數器，在該頻率下每秒溢位1次，透過正負脈衝交替來驅動其螺線管。透過程式和元件設計來產生每2秒1次正脈衝，就能驅動步進馬達了。提醒大家一下，這款石英鐘會發出滴答聲，而非低鳴聲。你可以參考 zh.wikipedia.org/wiki/石英鐘 和 explainthatstuff.com/

Larry Cotton

quartzclockwatch.html 來認識石英鐘的原理。

這 段YouTube影 片（ youtube.com/watch?v=XzXfadQXRn8）教大家如何從石英鐘取得正訊號（大約3分鐘處）。將訊號傳輸線和地線連接螺線管2個接點，就會輸出每2秒1次正脈衝，接著傳輸至Arduino或BASIC Stamp等微控制器。

另外，你也可以用微控制器內部的時鐘，但依我的個人經驗，以石英鐘計時比較容易設計程式，也更準確。

我對步進馬達比較不熟悉，因此我特地閱讀不少資料，觀看許多YouTube影片，設法了解其基礎原理。基本上，步進馬達就是多線圈馬達，旋轉軸可雙向小幅度旋轉，但每一步皆須電子脈衝來驅動。這個網 址（ learn.adafruit.com/allabout-slepper-motors ）內有詳細解說，這裡（ adafruit.com/product/858 ）則介紹我所使用的步進馬達。這家公司生產了不少步進馬達，也很熱心提供協助。

我 採用兩個28BYJ48步進馬達，分別轉動分針和時針，28BYJ48每次迴轉累計32步，讓輸出轉軸輸出512步（或513步，取決於來源），至於很熟悉Arduino的人，這個網站能協助你為步進馬達編程：arduino.cc/en/Reference/Stepper?from=Tutorial.Stepper。

無論脈衝的來源是什麼，開發板都必須設定如下：步進馬達等待30個脈衝（正脈衝每2秒1次），再迅速移動分針，從前一分邁向下一分。60分鐘後，時針的步進馬達會取得訊號，從前一小時邁向下一小時（我的時針和分針，直接連接步進馬達的轉軸）。

看著指針在分分秒秒之間移動，我感到

賴瑞・柯頓
Larry Cotton
半退休電動工具設計師，兼職社區大學數學教師。熱愛音樂和樂器、電腦、鳥類、電子學、設計家具和他的妻子——非依喜愛順序排列。

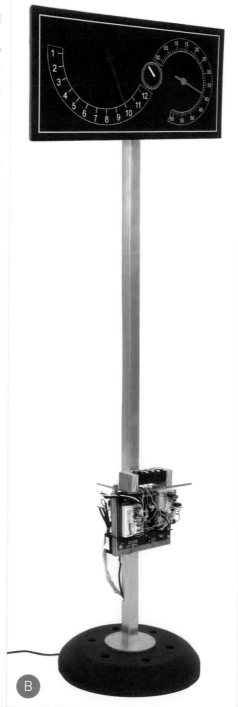

B

時間：
一個週末
成本：
100～150美元

材料

- » 步進馬達，小（2）如 Amazon 的 #B00EYVH6GC（amazon.com）
- » 步進馬達驅動板，ULN2003（2）
- » 可編程微控制板 如 Arduino、BASIC Stamp
- » 電源，壁接式，9～12VDC、1A（1000mA）以上
- » 原型麵包板，小型（數個）
- » 標準電子元件
- » 22AWG 連接線、插頭和插座（多個）
- » 單刀雙擲（SPST）開關
- » 石英鐘機械裝置（數個）AliExpress.com
- » 焊料
- » 膠合板，¼"
- » 便宜的立燈 可用來製作立鐘的底座
- » 高品質列印鐘面
- » 可剪裁的薄塑膠 製作指針
- » 油漆 為指針和背面著色
- » 噴膠 如 Loctite Repositionable 噴膠
- » 各種扣件和黏著劑，包括強力膠和熱熔膠，雙面膠和紙膠帶等

工具

我手邊有許多工具和材料，讓我能快速打造這座步進馬達時鐘。這些是很實用的工具：

- » Shopsmith 多功能木工機（磨輪機或砂光機）
- » 帶鋸機（也是 Shopsmith 品牌，但有獨立馬達和底座）
- » 小型鑽床，卡盤 0"～½"
- » 可攜式電鑽／螺絲起子，無線，卡盤直徑 0"～³/₈"，提供各種速度，可反轉
- » 鑽頭，¹/₁₆"～½"
- » 手持線鋸機、弓鋸和刀片
- » 剪刀
- » 剝線鉗
- » 小型烙鐵
- » 常見工具 如鐵鎚、虎鉗和螺絲起子
- » 砂紙

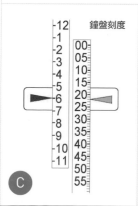

C

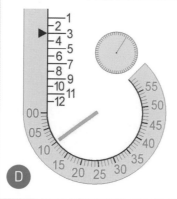

D

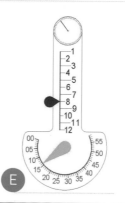

E

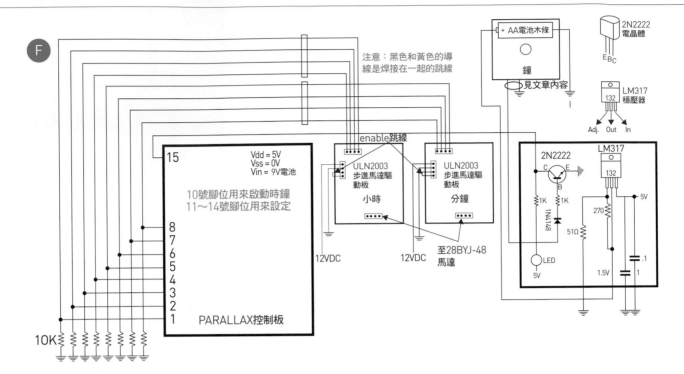

注意：黑色和黃色的導線是焊接在一起的跳線

2N2222
電晶體

LM317
穩壓器

Adj. Out In

+ AA電池木條

鐘

見文章內容

F

15

Vdd = 5V
Vss = 0V
Vin = 9V電池

10號腳位用來啟動時鐘
11～14號腳位用來設定

enable跳線

ULN2003
步進馬達驅動板
小時

ULN2003
步進馬達驅動板
分鐘

2N2222

LM317
132

5V

270

51Ω

1N4148

1K 1K

LED
5V

1.5V

.1

1

8
7
6
5
4
3
2
1

PARALLAX控制板

12VDC

12VDC

至28BYJ-48馬達

10K

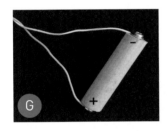

G

H

I

J

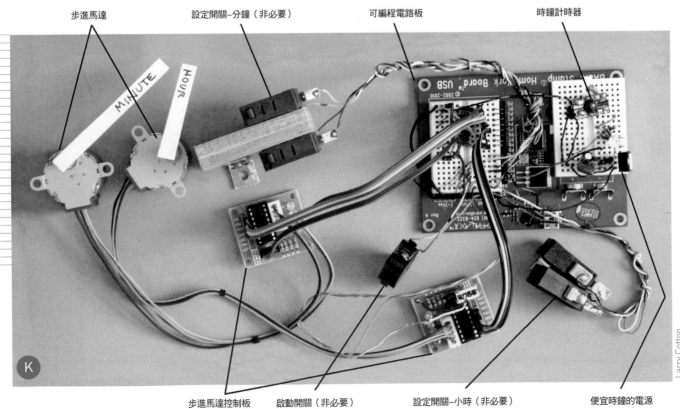

步進馬達

設定開關–分鐘（非必要）

可編程電路板

時鐘計時器

MINUTE

HOUR

K

步進馬達控制板　　啟動開關（非必要）　　　　設定開關–小時（非必要）　　　便宜時鐘的電源

Larry Cotton

非常滿足。舉例來說，在8點那一刻，時針會頓時從7走到8。當時針和分針走完整個鐘面，也會瞬間回歸原點。

以我的步進馬達來說，分進位設定為6步，時進位設定為20步，端視鐘面而定，如果你對我的鐘面感興趣，可以參考這裡：makezine.com/go/stepper-motor-clock。

圖 **F** 是我的電路圖。圖中為 Parallax 控制板，Arduino 的連接點也差不多。我加入電源，為兩個石英鐘輸送 1.5VDC 電壓，以½"木條取代 AA 電池（圖 **G**），若你的電壓不是 1.5VDC，就必須調整 51 歐姆電阻。

軟體

無論是 C++ 或 PBASIC，都可以試著調整脈衝值 t，讓指針快速順利移動，脈衝太短，恐導致指針走走停停，脈衝太長，恐浪費太多時間移動指針。

這個副程式（在 PBASIC 裡面）透過控制板 1～4 號輸入腳位，迅速順時針驅動分針：

```
FOR z=1 TO 6
HIGH 1: LOW 2: LOW 3: LOW 4
PAUSE t
LOW 1: HIGH 2: LOW 3: LOW 4
PAUSE t
LOW 1: LOW 2: HIGH 3: LOW 4
PAUSE t
LOW 1: LOW 2: LOW 3: HIGH 4
PAUSE t
NEXT
LOW 1: LOW 2: LOW 3: LOW 4
```

第一行啟動迴圈，把分針推進足夠的步數，在鐘面上前進1格。最後一行終止步進馬達線圈，讓馬達保持降溫，以免吸收太多電流。

我的時針和分針移動方向相反，我必須利用 5～8 號輸入腳位，來反轉先前的線圈啟動序列，才能把時針推進足夠的次數，從前一小時邁向後一小時。

為了讓指針回歸 00 和 1，必須把前面幾次脈衝的累積總數，以相反的次序傳輸給步進馬達，我是採用 360（60 分 × 分針每分為 6 步）和 240（12 小時 x 時針每小時20 步）來反轉步數。

機械裝置

我利用 AutoSketch 軟體設計鐘面，包括放置步進馬達和石英鐘軸的小洞，接著儲存為 PDF 檔案，到外面的影印店列印出來，因為我不想用光自家的黑色墨水，這張鐘面（13"x6½"）只花了我 20 美分，我還多印了 4 張備用！

接下來，找一塊經雙面砂磨和噴漆的優質 ¼" 合板，將表面噴膠、裁減邊緣並鑽好馬達轉軸的洞。我利用螺絲將步進馬達固定在合板背面，馬達轉軸穿過事先鑽好的洞，再安裝只有秒針的石英鐘（圖 **H**）。

為了打造立鐘，我在 Target 找到一盞燈，直接用燈架來做底座。我的元件組合並非專業級水準（圖 **I** 和 **J**），所以安裝在燈架的低處，讓電線沿著燈座向上。

如果電子元件配置得宜，不妨直接安裝在合板背面，這樣做出來的時鐘就很適合放在桌上或掛在牆面。圖 **K** 是所有的元件。

懶人版的做法：設定時間前，先關閉時鐘，將指針分別移到 1 和 00，重新啟動後，就是下午 1 點整。📷

製作訣竅

1. 最好依照指針的動線來設計鐘面：分針要在一小時內走完圓弧，時針要在 12 小時內走完。若測試時想縮短流程，不妨把 1 分鐘縮短為 2 秒！

2. 指針不動時，記得關閉步進馬達，否則馬達不會冷卻，還會汲取過多電流。

3. 先用軟管套住馬達轉軸，再安裝指針，如果你安裝得太牢固，不僅程式須有額外的編碼，也需要安裝設定和開啟的開關（圖 I～K）。

4. 電源必須有足夠的電流傳輸給步進馬達。我的小馬達不會汲取很多電流，但大馬達長時間待機就有這個問題。

5. 打造立鐘時，長電線記得使用插頭和插座，我自己很後悔沒有使用。

到 www.makezine.com.tw/make2599131456/stepper-motor-clock 下載鐘面圖案，並與我們分享你的步進馬達時鐘吧！

文：帕洛瑪‧佛特雷　譯：張婉秦

Culinary Chemistry
烹飪的科學 以冷油晶球化技術讓你的普切塔美味升級

分子料理——也被稱作感官料理、現代主義烹調、烹飪物理，以及實驗美食——已經引領許多創新的飲食經驗。

這個藉由烹調讓味道與質地產生化學變化的手法是以廚師為出發點，而不是科學家，因此對日常烹飪來說更有幫助。即使只是了解常見食材的基本交互作用，都能讓食物的味道更一致、完成度更高。

「晶球化」（spherification）是最近很受歡迎的一種烹飪技術，創造出像魚子醬一樣的球狀凝膠，吃下去的時候味道會在嘴巴裡面爆發出來。

傳統晶球化的做法是使用海藻酸鈉與鈣來製作細緻的分子液滴，但是這次我們會採用比較簡單的方式，利用洋菜跟冷卻的油。你可將洋菜想成像明膠那樣，高溫時是液態、低溫時固化。我們利用這個特性，將高溫的混合液體滴入冷油中，借由快速

Hep Svadja

帕洛瑪・佛特雷
Paloma Fautley
IEEE 學生會分部的聯合主席,就讀於加州大學聖克魯斯分校,致力取得機器人工程學位。

時間:
1小時
成本:
15~25美元

食材

巴薩米可醋魚子醬:
» 100g 巴薩米可醋
» 1.5g 洋菜
» 1量杯冷橄欖油

普切塔麵包:
» 法式長棍麵包
» 2 顆中型番茄,我偏好用傳統番茄切塊
» 3 大顆蒜瓣,剁碎
» 1 小顆紅洋蔥,切塊
» 1 顆檸檬的汁液
» 1 杯新鮮莫札瑞拉起司,切片
» ½ 杯完整的羅勒葉
» 橄欖油
» 調味用鹽跟胡椒

工具

» 注射器
» 攪拌器
» 探針式溫度計
» 料理秤,精度至少 0.1g

了解更多分子料理

鮮奶油發泡器可以運用在許多烹飪創作上,像是用來快速浸透味道及醃漬,這個方式稱作氮泡沫(nitrogen cavitation)。

原理

氮泡沫是利用快速將氣體減壓來均質化細胞與組織。在材料中加入一氧化二氮氣體(NO),放入鮮奶油發泡器,然後快速擠壓出來,在細胞內形成氮氣泡泡,然後因擴大而打破細胞壁。這樣一來,會迅速釋放出味道的化合物,讓味道能輕易地溶解於液體並滲透到其他成分中,更可軟化肉質。

這個原理所產生的可能性真的寫不完,可以參考makezine.com/go/nitrogen-cavitation,有一些建議的食譜。

冷卻來產生凝膠狀的晶球。這種「類魚子醬」食材可以替代普通隨意灑下巴薩米克香醋的方式,帶來另類質地的味覺驚喜。

巴薩米可醋魚子醬

1. 將橄欖油倒入有深度的玻璃瓶中,然後放入冰箱冷藏約30分鐘(圖**A**)。

2. 將巴薩米可醋倒入平底鍋,灑入洋菜粉與其混合(圖**B**與圖**C**)。攪拌直到沸騰。煮沸之後,將鍋子拿開,並去除雜質。

3. 當溫度降到120°F ～ 130°F時(圖**D**),將洋菜混合液倒入注射器中,小心地一次滴出一滴,滴入冷卻的油中(圖**E**)。注射器位置的高度應該要夠高到讓液滴能沉入油中,但是也不能太高讓液滴散成更小的珠子。這些晶球可以存放在油中並放入冰箱保存,直到準備要上菜的時候。

普切塔麵包

1. 烤箱預熱至350°F。

2. 紅洋蔥切丁後放到碗中。加入檸檬汁,靜置至少15分鐘。

3. 法式長棍麵包斜切成片,平放於烤盤中。灑上少許橄欖油跟一小撮鹽。烤約20分鐘至金黃。

4. 番茄切丁,大蒜切碎,放入碗中與紅洋蔥混和。

5. 將烤好的麵包從烤箱中拿出,在上頭各放一片莫札瑞拉起司。

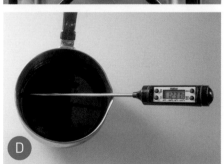

6. 起司上方再放兩大片羅勒葉,接著放上混和好的番茄配料。

7. 從油中輕舀一杓巴薩米可醋魚子醬,置於番茄配料上方。加上鹽與胡椒調味,就可立即上菜。

Doing Science with Drones

文：弗里斯特・M・密馬斯三世　譯：謝明珊

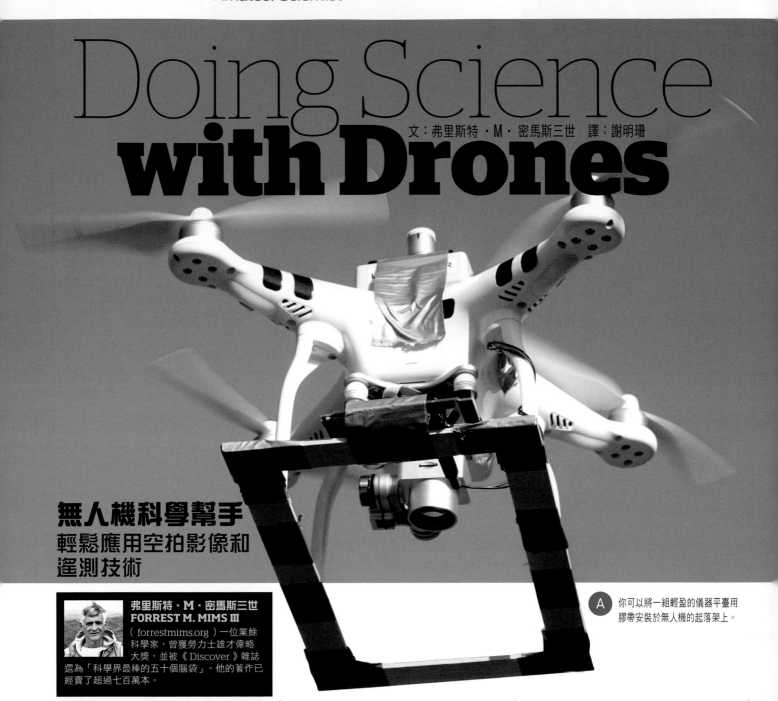

無人機科學幫手
輕鬆應用空拍影像和遙測技術

A　你可以將一組輕盈的儀器平臺用膠帶安裝於無人機的起落架上。

弗里斯特・M・密馬斯三世
FORREST M. MIMS III
（ forrestmims.org ）一位業餘科學家，曾獲勞力士雄才偉略大獎，並被《 Discover 》雜誌選為「科學界最棒的五十個腦袋」。他的著作已經賣了超過七百萬本。

時間：
15～30分鐘
成本：
5～10美元

材料
» 裝載攝影機的無人機
» 1/8"×1" 木板，長 12" 和 8"（2）
» 萬用膠帶
» 你想使用的科學儀器，必須重量輕巧以搭載於無人機上。我曾試過搭載 FLIR ONE 紅外線熱影像儀、紫外線輻射計和資料記錄器。

小型無人飛行載具（UAV）已成為我的科學工具中的重要成員，不只能夠空拍影像，還能測量不同海拔高度的氣溫變化、相對濕度和露點等。若想用無人機進行科學儀器測量，最簡單的方式就是將儀器的顯示面板直接對準鏡頭，如此一來，只要看著無人機的控制顯示器，就能追蹤資料的變化。你也可以利用 Phantom 等高階無人機的攝影機拍下顯示面板，將海拔、座標和時間等記錄在照片的 EXIF 檔中。

簡易儀器平臺

你可以輕易地用兩片長度 8" 和 12" 的木板（ 1/8"×1"）打造用來搭載 Phantom3 或 Phantom4 等無人機飛行儀器的平臺。先用萬用膠帶將 4 片木板黏成一個長方形，接著再用萬用膠帶將 12" 那側固定在無人機起落架底部。千萬不要用到金屬，以免干擾無人機的羅盤。完成的儀器平臺上可以放置各種儀器（圖 A ）。

Forrest M. Mims III

空中紫外線輻射計

自1990年代開始，我便開始在一個有樹環繞的地方測量日光。雖然這些樹木不會影響輻射計測量直射的陽光，但是會阻擋一些自然光。我一直很好奇的是，這些樹究竟會阻擋多大面積的天空？一臺Phantom3可以告訴我答案。

我最主要的測量會鎖定太陽紫外線輻射D（UV-D），我一直都採用幾種DIY輻射計。在1995年和1997年，美國太空總署（NASA）委託我在巴西旱季、天空煙霧瀰漫時，測量當地的臭氧層和輻射B，我使用自己於1994年打造的UV-B輻射計，也是我決定搭載在Phantom3的輻射計。這個決定有點冒險，因為這個儀器很脆弱，但我很想知道地面上5呎和7呎的輻射B會有何差異。

上述儀器平臺為測試用，我先移除了Onset 16位元資料記錄器的磁性固定裝置，直接用萬用膠帶固定於儀器平臺（圖**B**），同時將輻射計小心黏在Phantom上方的中央處（圖**C**）。由於螺旋槳和輻射計距離不到1吋，所以輻射計和連接線千萬要固定好。幾次飛行下來，我終於解答了自己的問題，那些樹木抵銷了2.5%的UV-B。我還會持續測量兩三年，進而設計出一套演算法，來修正我在1994年所蒐集的資料。

陽光測量儀器最好固定於無人機的最高處，然而Phantom3的GPS系統也在最高處。所幸，UV-B輻射計並沒有造成負面影響，大概是因為有塑膠殼罩住，加上沒什麼金屬零件的緣故。

熱成像和可見光影像

紅外線熱成像攝影機可提供熱成像，呈現一般可見光影像看不見的面向。例如，熱成像可以揭示土壤溼度和質地、地底狀態甚至是考古遺址的細微差異。此外，熱成像不分晝夜，都能夠偵測人以及其他恆溫動物的行蹤。

無人機也有專用的熱成像攝影機，但售價動輒要數千美元。反觀智慧型手機專用的熱成像攝影機較為便宜，不用250美元就能購買得到。我個人使用FLIR One熱成像攝影機連接iPhone 5，進而透過Phantom 3取得熱成像。搭載熱成像攝影機的手機直接固定於儀器平臺的前方。

這個權宜之計雖然可行但並不完美，穩定度仍比不上用平衡環固定的可見光攝影機。因此，你最好挑平靜無風的日子緩慢飛行。另一個缺點是，它只有錄影模式，因此無法輕易取得靜態影像。然而，這個方法確實可行，也不用花數千美元購買用平衡環固定的熱成像攝影機，足以探索熱成像的各種潛在可能性。

舉例來說，我所居住的鄉下地區與一個最近才架設下水道系統的城市接壤。下水道主管線位於礫石層的深渠中，阻擋了地底下的川流並生成了新的源泉，有一處就出現在我家車道，還有一處在我的森林小屋底下。Phantom3在森林上方飛行時（圖**D**）取得了熱成像，呈現出冷冽的水塘（黑色和深藍色）、濕潤的土壤和草地（淺藍色）和溫暖的樹冠（紅色）。

Phantom4攝影無人機提供了很棒的方式來追蹤新源泉如何危害樹木。上方的照片拍攝了樹冠，十幾棵大樹葉子枯掉的樣子清楚可見（圖**E**）。另一方面，我也小心地讓無人機穿梭於樹冠下方，比起直接自地面拍攝，其更能呈現樹木下方新生的沼澤（圖**F**）。

調查農田

農民會利用搭載近紅外線攝影機的無人機來偵察作物的疾病。有些DIY愛好者會自行改造攝影機，將攝影機拆開並拿掉紅外線濾光片，就可以拍到近紅外線影像。但就算是一般可見光波長攝影機，也比地面調查更能夠呈現作物的受害情況。當我將Phantom4飛到總面積88英畝的棉花田上空，就發現了白色已採收棉花田中央有一大片深色區域（圖**G**）。農民告訴我深色區的棉花即是感染了棉根腐病，我在

將Onset 16位元資料記錄器固定在無人機的儀器平臺上。

將UV-B輻射計用膠帶黏在Phantom3上。

沼澤區的熱成像。

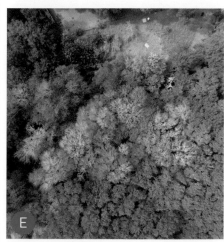
我空拍到了被新源泉害死的樹木，十幾棵樹木的葉子都枯掉了。

F 無人機拍攝到圖 E 枯樹下方的沼澤地

地面上根本不會注意到，從空中俯視則看得一清二楚。

監測科學儀器

用來監測戶外狀況的科學儀器通常都放置在很詭異的環境，例如我管理的科羅拉多州立大學農業部日光測量儀器，就安裝在德州路德大學兩層樓的屋頂上。我必須每個禮拜攀爬12呎高的鐵梯到屋頂上檢查三部旋轉輻射儀。但如果天候狀況不好，我也可以利用無人機來檢測儀器（圖 H），可清楚拍攝到三個輻射儀（圖 I）。

安全注意事項

飛行前，請務必閱讀美國聯邦航空管理局（FAA）為無人機所制定的規則，例如無人機不得飛到400呎以上高空、不得飛到下方有人的高空、僅限於白天使用，不得在日出前30分鐘和日落後30分鐘飛行。若附近有機場的話，還有各種規則要遵守，無人機操作者也要小心駕駛，更多FAA規定請參考www.faa.gov/uas和makezine.com/go/faa-drone-law。

G 感染了棉根腐病的棉花田（深色區）。

H 無人機監測屋頂的儀器。

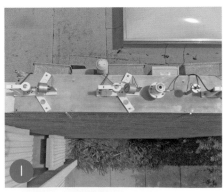

I 無人機拍攝到三個旋轉輻射儀。

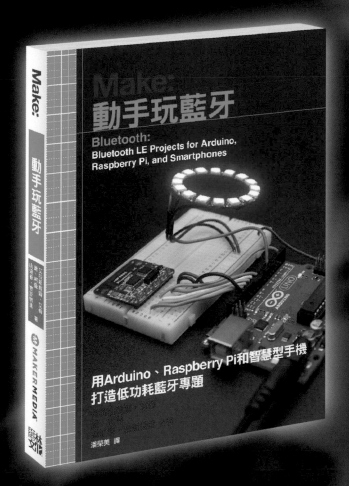

Hollow, Dolly!

文：比爾‧切爾伯　譯：潘樂美

比爾‧切爾伯
Bill Chellberg

已經當了五十年的印刷工。自從第一個孫女出世，他就開始蒐集洋娃娃，想說孫女一定會玩──錯了！結果是他自己玩上癮，還決定要自己做一個。

時間：
80小時
成本：
100美元

材料
» 模具石膏
» 脫模劑 我用的是軟肥皂
» 雕塑材料 我用的是製模用黏土（油土）
» 化妝土 市面上有賣各種膚色
» 瓷漆 用來畫嘴唇、臉頰與眉毛
» 娃娃的假髮
» 娃娃的眼睛
» 娃娃的睫毛
» 假睫毛膠

工具
» 雕刻刀組
» 研磨用具
» 眼距測量器
» 眼睛定位器（非必要）
» 刷子
» 固定模具邊緣的物品 我用的是貼塑膠面板的書櫃層架
» 黏睫毛用的黏著劑
» 夾子
» 大把獵刀或菜刀

哈囉，空心娃娃！
自製模具打造獨一無二的瓷娃娃

Maker 們開始動手做的理由五花八門。我愛的是其中的挑戰：最近我開始蒐集洋娃娃，我想要最持穩固耐久、最像真人小孩的娃娃。

因為我從來沒有做過，所以過程很漫長，不過我從網路上得到許多協助，學到雕塑技巧、知道瓷器為何中空（圖 Ⓐ）（請見「如何製作中空瓷器」）。

雖然我無法教大家雕塑技巧──YouTube上就有許多很棒的教學 ──不過我可以分享自己如何做陶瓷娃娃的雕塑模具，特別是頭部。想知道更多資訊，請上 makezine.com/go/DIY-porcelain-doll-molds 網頁。

如何製作中空瓷器

將「化妝土」（一種黏土液）注入模具，靜置幾分鐘之後，裡面的水分會滲入石膏，黏土液中的黏土成分會凝固，沿著模具的牆壁成形。完成後再把化妝土倒掉。

製作模具外框

先製作兩個比頭部大兩倍的L形架子，用來當頭部雕塑模具的固定架。兩個L形必須低於頭部高度3吋以下；頭部高度以鼻尖至後腦杓計算。將L形先夾進箱子裡。

製作模具

1. 將雕塑原型小心地放入箱子裡鋪的黏土中，娃娃的臉朝上，擺的位置要剛好讓頭部雕塑所有邊緣都距離箱子的面1吋（上、下、左、右、頭頂、脖子）。將黏土塞進去，緊緊封住頭的下半部（圖**B**）。在這條中線以上的部分，待會就不會從模具裡滑出去。我還加上耳塞，讓它在最後變成4塊式的模具。將耳塞拿掉之後，打開模具的另外半邊時就不會傷到耳朵。

2. 用刷子將脫模劑塗在雕塑和黏土上（我選用的是軟肥皂）。別讓它積在一處。將四顆彈珠放進黏土中，標示出頭部的輪廓，以便之後跟模具成品對齊。

3. 將石膏調到與冰淇淋差不多的濃稠度後，慢慢倒到雕塑的臉上，直到約比鼻尖高1吋為止。期間可以不時拍打一下箱子，防止氣泡形成。放置隔夜等它風乾。

4. 拿掉架子，請輕敲幾下外框，再輕輕地將其拿掉。讓塗有石膏的那一面朝下，開始從頭部小心地清除掉黏土，先不要直接把雕塑抬起來。拿掉彈珠。重新開始步驟一，在後腦杓倒上另一層灰泥。等石膏風乾後將外框拿掉（圖**C**）。

打開模具

架一把菜刀，對齊兩塊石膏接合處。用小槌子放在上面，輕輕地敲，漸漸加強力道，直到它們一分為二。現在可以把你的手工雕塑品原型收起來了。接下來，我們要切割出灌模開口——外面大、裡面小的開口，等一下會把化妝土從這裡倒進去（圖**D**）。一般作法也會使用脖子的開口，將成品安裝到肩膀上時亦可協助固定。

使用模具
倒化妝土

將兩半的模具對齊並固定在一起，要牢牢固定！接著注入化妝土，儘量保持穩定、慢慢地倒，防止氣泡生成。拿一個集水用的托盤墊著，注入到開口最上方，等化妝土沉下去之後，繼續注滿。當你看到開口開始形成一層表面，大概和銅板一樣厚（大約需要10分鐘），就將模具裡剩下的液體化妝土倒回原本的容器。再靜置模具約4小時以內即可。我直接將模具放在原本放化妝土的容器上，讓殘留的液體繼續滴完。

> **注意：** 不要把化妝土倒進水槽或馬桶，會造成堵塞！

模型出爐

輕輕地將模具打開。這時陶土還非常軟，質感像皮革——所以請小心，它可能會垮！如果有辦法的話，切出大的圓形開口（圖**E**），將頭擺好，開口朝下，靜置24小時風乾。

製作眼睛

稍微用砂紙打磨——動作要非常輕。需要的話順便微調一下形狀。切割出要裝眼睛的開口（眼睛可以用玻璃或塑膠製作）（圖**F**），接著用眼距測量器從後腦杓撫平並測量距離，將眼睛放進適當的深度。

燒製與拋光

醞火燒製頭部，並用鑽石砂紙將表面磨亮。上顏料並調高火力，確認眼睛有確實安裝好。如果不喜歡現在的顏色，就塗上新的顏色並重新燒製。用睫毛膠固定眼睛，保留轉動和聚焦的空間；然後在背面塗滿石膏，使其固定。

> **訣竅：** 如果沒有燒陶瓷用的窯，可以去學校或洋娃娃店找找看。

現在你可以加上頭髮、睫毛，以及其他裝飾了。想要尋找靈感，或是還有疑問的話，可以去洋娃娃的展售會，一定會找到很棒的資源與幫助。●

想知道更多細節，或是分享你製作洋娃娃專題的成果，請上專題網頁makezine.com/go/DIY-porcelain-doll-molds。

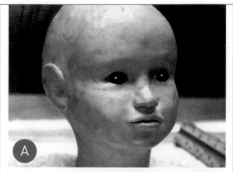

A

B

C

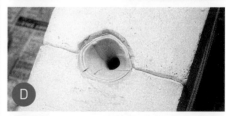

D

E

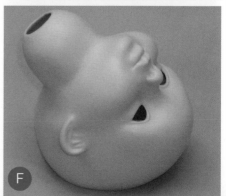

F

Toy Inventor's Notebook

旋轉發聲吼板

發文、繪圖：鮑勃 · 納茲格
譯：張以慈

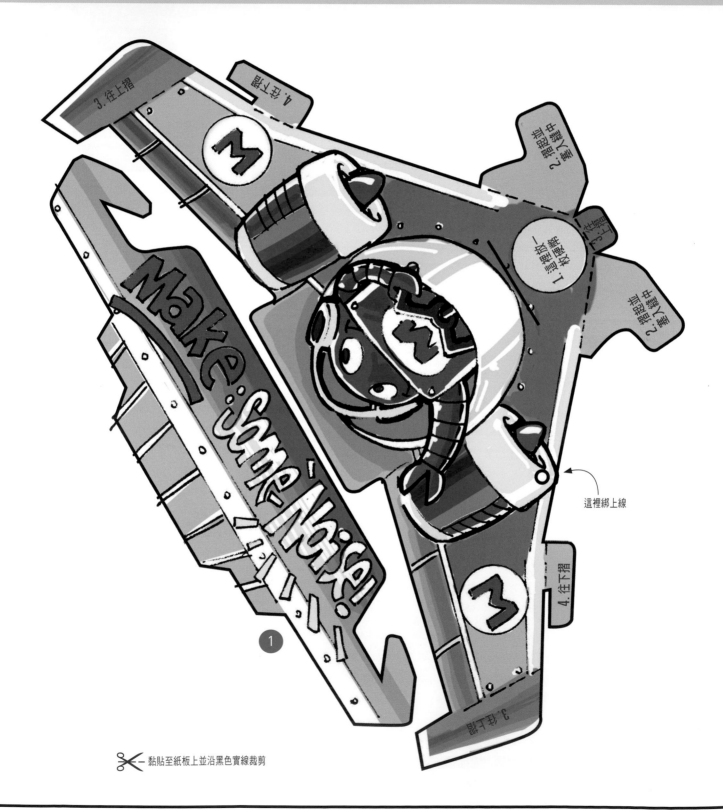

這裡綁上線

黏貼至紙板上並沿黑色實線裁剪

讓它在你的頭頂旋轉，發出吼聲！

時間：15~30分鐘
成本：1~2美元

材料

» 薄紙板，如麥片盒
» 細繩或單絲釣魚線
» 白膠或膠水
» 一枚硬幣

工具

» 剪刀
» 打洞機

這是一個改良過後的吼板。吼板是一種自舊石器時代流傳至今的古老發聲器，在世界許多文化中都找得到蹤跡。當它細長的木片沿著繫繩旋轉時，能創造出一種有著「360°環繞音響」效果的轟鳴聲。此版本則源自於二十世紀中期的一種紙板玩具，能發出有趣的啪啪聲：當你轉得愈快，聲音就會愈大、音調愈高！

❶ **請撕下左頁，**並將它貼在薄紙板上，沿著黑色實線將發聲器剪下。請確保將中間的切口剪開。
　你也可以至www.makezine.com.tw/make2599
131456/toy-inventors-notebook-whirly-noisemaker下載並列印這個Makey版本，或是用空白版本來設計你自己的圖案。

❷ **組裝：**為了加強尖頭的重量，需將一枚銅板置於紙上標示的位置，再將尖頭兩側突出部分往下折並插進切口中。請將尖頭的突出處與兩側機翼的末端往上折，其餘突出處則往下折。接著，將飛機翻過來，將突出處勾在一起，讓機身稍微地彎曲。在機翼的邊緣打一個小洞（在空白版本中，你可以更容易看到打洞處），然後繫上一條細繩或釣魚線。

❸ **將發聲器在你的頭頂上方不停轉動。**先從慢速開始讓板子開始旋轉，再調整速度來改變音量。◙

你可以至www.makezine.com.tw/make.
2599131456/toy-inventors-notebook-
whirly-noisemaker下載模板，並與我們分享你的童玩！

友善提醒：
啪啪的聲音和旋轉的樣子，會讓它成為無法抗拒的逗貓玩具！

Caleb Kraft

BROTHER SE400
刺繡縫紉機 400美元 brother-usa.com

這臺複合式刺繡縫紉機價格相較之下平易近人，並附帶許多功能。它由電腦操控，只要載入設計圖，縫紉機就能自動移動支架，將你的圖案繡到布料上。

我用這個功能製作一些補丁，但電腦化的功能不僅限於刺繡，另外還有透過按鈕選擇的67種內建針趾。另外一項我愛的功能是它的自動穿針系統——針很細，能夠透過槓桿原理穿針引線真的太美好了。

刺繡超級簡單，只要載入你的設計、線以及線軸，然後按下按鈕，機器便會開始繡其中一種顏色，然後暫停，讓你可以在按鈕繼續之前換下一種顏色。這臺縫紉機相當地安靜，且具有相當的智慧：線用完了或是出現問題，就會停下來讓你可以將問題排除。

你得另外找一個可以設計刺繡圖案的軟體，操作方式儘量容易上手，因為有些軟體操作介面的按鈕較不直觀。譬如說我得自己發現我有一個設計沒辦法進行，因為它大於4"×4"的刺繡圈——沒有任何的錯誤訊息提醒我。除了這點之外，我非常享受使用這臺縫紉機，而且我有一籮筐的點子想要做出來。

——卡里布·卡夫特

BOSCH 12V
衝擊起子

169美元
boschtools.com

我幾年前因為一個電視節目的專題，有機會用到Bosch的小型12V工具，立刻發現他們家的工具動力十足，能滿足幾乎我所有的作品，不須用上需要大量肌耐力的大型18～20V工具。我現在家裡用的是最新款的衝擊起子，這款比之前的更小、更有力。但我使用的時候要小心些，雖然這個用來做小型的滑板坡道再適合不過，但我也弄壞了幾個組合家具的螺絲。

——麥可・西尼斯

MILWAUKEE M18無線
10"斜切鋸

599美元
milwaukeetool.com

這個厲害的滑動複合斜切鋸少了一個東西：電線。沒錯，它使用的是電池。我從來沒有想過有一天一臺10"的電鋸可以沒有電線，但是這臺電鋸做到了。M18 9.0Ah燃料電池組提供電鋸所需的電力，據Milwaukee表示，可以切割2×4木材近300次。

我將這臺放在我的吉普車後車廂，帶到我朋友家要做些結構物。用起來非常順手。這臺45磅工具便於固定及摺疊於桌面和滑座上，還有易於使力的把手。你可以在任何地方進行切割，不受到電源延伸的問題困擾，真的太美好了。

——約翰・愛德加・派克

STRONG手持可調整
磁力V型襯墊

27美元 stronghandtools.com

隨著我愈來愈常做東西，我花許多時間在「工作輔助支撐」，也就是使用治具、夾具等工具，在我進行切割、磨碎、上漆、焊接等工作時固定物品。我常發現我會花10分鐘為一個20秒的點焊做準備。雖然聽起來很枯燥乏味，但我相當享受做這件事情。即使如此，我還是很渴望可以找到一個可以加速我工作輔助支撐的工具，因此我開始使用強力手持可調整磁力V型襯墊。這個襯墊的托架底部有兩個可以旋轉90度的吸鐵片，因此可以用各種不同的形狀來支撐物體。你可以讓用它

讓板子保持齊平，將板子架在水管的邊緣，以45度角夾住水管；也可以用於各種其他配置。我之前用過磁力夾，但是這組襯墊的夾子可以改變角度，非常實用，而且架設也很迅速。V型襯墊有各種不同的尺寸，也有不同的販售商，但是Strong Hand Tool出的這組是個不錯的入門款，內含兩個大的襯墊，跟兩個一般大小的襯墊，並擁有18磅的支撐力。如果我不小心搞丟或是弄壞現有的襯墊，我就會立刻換成新的。

——提姆・迪根

IFIXIT ESSENTIAL
電子工具組 V2.0

20美元 ifixit.com

如同其他的iFixit工具組，新款Essential電子工具組的重點放在消費性電子維修作業，例如換掉智慧型手機的瑕疵零件等。我很少維修我的電子設備（敲三下，希望好運），但是iFixit的工具也可以用於一般的電子專題。

這組20美元的套件提供你許多螺絲起子頭、撬開工具，以及一個附收納盤的吸鐵扣環儲藏盒。另外還有附贈一個吸盤把手，特別設計用來打開電子產品。

焊接相關作業我用Spudger電信撬進行，它是一個負責撬開的工具，可以用來撬開晶片或設備，也可以做為打開小元件的精密刮刀使用。螺絲起子可以用在日常生活中，鑷子我則當做備用的工具。

——史都華・德治

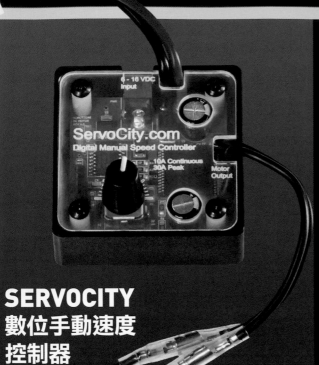

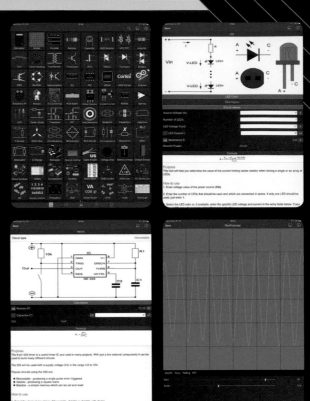

SERVOCITY
數位手動速度
控制器
80 美元
servocity.com

ServoCity的數位手動速度控制器可以快速又簡便地測試並控制齒輪馬達，不需要編寫任何的程式。相當小巧（2.4"× 2.4"× 0.875"）且有個亮麗的外型。底部有兩個安裝孔，但也可以使用雙面膠來固定。

對於已完工的專題，例如電動滑軌、轉盤等，這是個不錯的選擇；或是可以用在你下個機器人專題原型上。

它具備雙向速度控制，可以提供最高10A不間斷的電流，可連接6～16V直流電源供電。內建TAMIYA風格的電池連接器，你也可以拿掉換成自己的連接器；另外還有個2.5mm桶插孔。這是個不錯又簡單的控制器，可以讓你的馬達花最少的力氣運轉。

——SD

ELECTRONIC TOOLBOX PRO
7 美元 iTunes 商店；6 美元 Windows 商店
electronic-toolbox.com

Electronic Toolbox是個技術相當先進的多合一應用程式，適合所有電子工作者使用。它涵蓋超過77種獨立工具和150種以上應用，包括PCB追蹤工具、計算工具、擴充零件參考指南、函數波產生器，甚至還有示波器。這個應用程式同時支援Dropbox和iCould的儲存選項，也可以直接儲存於程式中。使用介面順暢，操作簡單，使用上也能完全客製化。這款應用程式不斷地發展與進步，對業餘愛好者、工程師，或是經常和電子接觸的工作者來說，這絕對是個必備的工具。

——艾蜜莉・寇克

《異於常人設計工作室》升級版
80 美元 creativityhub.com

Maker運動最美好的事之一，就是讓小朋友（大朋友）一同想想「如何」做東西；但是教授設計與工程知識相當地困難，尤其對孩子而言。《異於常人設計工作室》升級版（The Extraordinaires Design Studio Pro）是個包裝成遊戲的設計工作坊，有技巧地教授青少年以使用者為中心的設計，以及跳脫框架的思考。這款遊戲聚焦於一系列異於常人們的主角，以及他們的急迫設計需求。「異人」們包括幾位邪惡天才、一位外星人、一位海盜、一位青年吸血鬼，以及一位蒸氣龐克時光旅者。每位設計顧客都有張雙面的卡片，精美地呈現並提供這些角色的生活線索、需求，以及設計限制。「發想卡片」能幫助你將設計合理化；當你準備好後，可以在點子平臺上呈現你的設計，然後展示給大家看。最後則會頒發設計獎項。一本120頁的導覽手冊介紹了基本遊戲方式，以及其使用者中心的設計。

——加雷斯・布朗溫

FISHER-PRICE 想一想 & 學一學程式毛毛蟲

50 美元 fisher-price.mattel.com

CUBETTO

225 美元 primotoys.com

這兩臺小機器人的玩法大大不同，但兩個都深得我年幼孩子的心，他們完全不知道自己在學電腦程式概念。另外還有很棒的一點是——完全不需要看螢幕。

程式毛毛蟲是Fisher-Price出品的玩具，換句話說非常的美式：像卡通般的可愛、塑膠、很大聲、許多燈光效果、音樂，以及搞笑音效。硬體本身就是程式介面，毛毛蟲的每一節都有標示其功能（直走、左轉、放音樂等），你可以隨心所欲地重組。按下按鈕，機器人就會按照你排的順序走動。現在還有外加的毛毛蟲身體節段（包含新的轉向與音效，以及重複功能），但我們還沒有試過。

Cubetto是去年一個大型Kickstarter募資專案下的產物，氣質冷靜許多，相當歐風，而且得過紅點設計獎。這個機器人是個端莊的木頭方塊，只會發出安靜的嗶嗶聲。另外還有一塊藍牙配對板，你可以藉由沿著動作列放置彩色的方塊（前、右、左、「功能」）來操控Cubetto的動作。我年紀較大的孩子，5歲半，立刻對這個名副其實拿起來、放下來就能進行的程式著迷，另外還有一個小的側迴路（透過功能方塊啟動），可以教導副程式的概念。Cubetto移動的距離比程式毛毛蟲短上許多，適合在較小的遊戲區域進行，附有遊戲地圖和故事書，上面有些範例任務可以嘗試。

這兩個玩具對孩子來說都相當有趣且有挑戰，能夠在沒有螢幕或語言的狀況下操控他們的小機器人——因為夠有趣，孩子們會願意忍受，甚至享受不可避免的錯誤嘗試。當最後機器人神奇地開始在餐桌椅森林，在手足的腳間漫遊，並在不撞毀的情況下停下來——勝利歡呼聲背後所有的努力都是值得的。

——凱斯・哈蒙德

山姆實驗室
好奇汽車套件

200 美元 samlabs.com

這個套件有趣又簡單，是藍牙裝置與立體折疊紙製汽車的組合。模組包含引擎、LED、滑件、傾斜感測器，能輕鬆地連接、編寫程式，並透過好奇汽車App控制。你可以隨著App可愛的內建故事主軸，透過迷宮般的介面拖拉、連結不同的模組。對於指頭較大些的人來說，可能會有些困難；但是對年紀較小的Maker來說絕對不是問題。不過絕對不要在打造汽車到一半時將App關掉，這樣一來就得重新來過。當一切準備就緒後，可以閱讀專題點子手冊，尋找更多具有雄心的應用（有些需要其他的物品，例如膠水或是塑膠碗等）。

——蘇菲亞・史密斯

GLOWFORGE
好用又精巧，值得等待

文：麥特・史特爾茲　譯：李友君

2015年5月，丹・夏皮洛（Dan Shapiro）在MakerCon Bay Area登臺，宣布他決定創辦公司，製造劃時代的雷射切割機Glowforge。我與Shapiro碰過面，約好要是確定可以即將出貨，就會送我一臺做評比用。預購的消費者（包括我的妻子）時常碰到延遲出貨的狀況，但就在幾個星期以前，我的那臺送來了。我必須要說，它的確值得等待！

10分鐘內即可開始切割

拆封的過程快速又簡單。我依照說明書的指示插上插座，做好設定，10分鐘後就進行了第一次切割。Glowforge在第一次啟動時會建立專用的資料存取點，只要連接上去就能輕鬆進行無線網路認證。這種機器無須安裝軟體，但要用Glowforge官網上的網路應用程式控制，所以軟體總會是最新版的。

軟體支援幾種雕刻用的檔案格式，跟大多數的雷射切割機一樣，以向量繪圖為主。Glowforge則是SVG檔。雖然我是Inkscape的粉絲，但在許多無法善加支援SVG檔的系統當中，Glowforge卻能完美支援。

測試版仍有進步空間

我第一次切割時做得既輕鬆又俐落。Glowforge的功用就跟我料想得一樣，順利完成要求雷射切割機去做的工作。一般的情況下，雷射切割機若是可以順利運作，真正的好壞關鍵在於它的操作有多簡單。Glowforge搭配內建相機和軟體後，成了我用過的數位形構機器中最簡單的一款。

當然，這臺機器還是Beta版，還有幾個問題存在。我試著製作設計圖，以便能夠輕鬆測試Glowforge的所有模式（雕刻3層，切割2層）。雕刻時沒能從正確的起點開始雕，穿越路徑的時機沒有抓好。切割線的兩端會形成圓點，這也是時機的問題。雷射對設計圖的判讀並非完全一致。因為是用魚眼鏡頭的相機測繪，所以才會發生這種事。然而好消息是，這些都是軟體的問題，產品實際出貨時應該會修正掉。

再忍耐一下

雖然有許多消費者和社群都很擔心Glowforge是否能如期出貨，但我希望各位能再忍耐一下。不用多久，這臺美妙的機器就會送到大家手上了。◐

■製造商
Glowforge
■測試時價格
2,995美元
■工作尺寸
290mm×515mm
■離線作業
有（透過Wi-Fi）
■機上控制
有（單一控制按鈕）
■控制軟體
Glowforge網路介面，不需安裝軟體
■作業系統
Windows、Mac、Linux
■開放軟體
否
■開放硬體
否

glowforge.com

專家建議

只要使用色碼指定SVG檔的每個部分，就能一次做好雕刻和切割的工作。

請依照指示進行通風——雖然內建有風扇，但如果工作量太大會不夠用。

購買理由

Glowforge是一臺很容易使用的雷射切割機，相對於其他機臺，其軟體的操作十分容易。

麥特・史特爾茲 Matt Stultz
《MAKE》雜誌3D列印與數位製造負責人。他也是3DPPVD及位於美國羅德島州的Ocean State Maker Mill的創辦人暨負責人。時常在羅德島敲打專題。

試印結果

Matt Stultz

動手玩科學：
邊玩邊學的兒童教育

柯特・蓋比爾森

380元　馥林文化

　要怎麼樣才能帶著孩子做出一個個成功的自然科學專題呢？如果孩子問了你答不出來的問題該怎麼辦？我們又要怎麼樣才知道孩子有從中學習？在工作坊中「摸來摸去」的孩子真的有學到東西嗎？「玩中學」的概念並非新創，從人類有歷史開始，當人們想要瞭解更多的時候，最有效的方法就是透過不斷的「動手嘗試」、觀察周遭的實物進而一窺真理的面貌。本書將會帶領你了解「動手玩科學專題」的方法、竅門和背後的教育思路。作者柯特・蓋比爾森推廣「玩中學」的科學教育達二十餘年，在孩子們「東摸西摸」做專題的過程中在一旁輔導，使得孩子們得以在實作中學到紮實的知識！

如何製作穿戴式電子裝置

凱特・哈特曼

580元　馥林文化

　想像你的衣服能依照你的皮膚顏色變換色調、對你加速的心跳做出反應、鞋子可以變化高度、夾克可以顯示下一班巴士抵達的時間。歡迎來到穿戴式裝置的世界！身體是我們與世界接觸的媒介，因此身上穿戴的互動式電子產品比其它產品更直接、更緊密。我們身處於一個穿戴式科技正要蓬勃發展的時代，舉手投足之間都可以看到穿戴式科技。本書是專門為那些對於身體數據計算有興趣、正在創造可存在於人體表面的連接裝置或系統的人所撰寫，尤其適合想踏入穿戴裝置領域的自造者。這本書提供了工具與材料列表、介紹可穿戴型電子電路的製作技巧，以及將電子裝置鑲嵌在衣服或其他可穿戴物件上的方法。

《MAKE》國際中文版Vol.5

O'Reilly

380元　馥林文化

　本期的特輯主題為「庭院中的生物學」。如果對生命在未來某個時間點能夠復甦的保存方法感興趣的朋友，可以試試看把蝸牛放進冷凍庫再解凍的試驗；另外，如果有人認為拍攝生態影片是很困難的事，那麼〈崇高的機械〉中會告訴你，只要用500美元不到的器材，外加樂高製作的機器人，就可以自製豬籠草捕食的慢速度3D影片；當然，若是有人對自己的身世感到好奇，請把家裡的保鮮盒、保鮮膜、積木拿出來吧！只要用這些東西就能在家裡製作膠體電泳，動手萃取自己的DNA來進行鑑定。當中報導的內容，都是以日常生活中能取得的材料，製作出和生命有關的實驗或器具，或許讓大家能夠更了解Maker動手實現想法的精神，無論是什麼領域或構想中的作品，一切皆可具象地呈現！

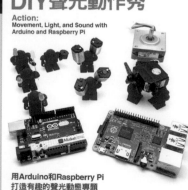

DIY聲光動作秀：用Arduino和
Raspberry Pi打造有趣的聲光動態專題

西蒙・孟克　460元　馥林文化

　Arduino是一臺簡單又容易上手的微控制器，而Raspberry Pi則是一臺微型的Linux電腦。本書將清楚說明Arduino和Raspberry Pi之間的差異、使用時機和最適合的用途。透過這兩種平價又容易取得的平臺，我們可以學習控制LED、各類馬達、電磁圈、交流電裝置、加熱器、冷卻器和聲音，甚至還能學會透過網路監控這些裝置的方法！我們將用容易上手、無須焊接的麵包板，讓你輕鬆開始動手做有趣又富教育性的專題。本書將帶領你由淺入深地用Arduino和Raspberry Pi創造並控制動作、燈光與聲音，從基礎開始進行各種動態實驗和專題！

做東西的樂趣有一半是來自秀出自己的作品。看看這些在instagram上的Maker，你也@makemagazine秀一下作品的照片吧！

1

4

7

6

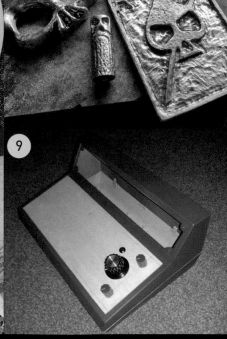

❶ 考特尼・迪德里奇（Courtney Diedrich）（@c.diedrich）捏了上百個條狀的陶土部件，組合而成圖中的陶瓷組織作品，看起來就像一群藤壺聚在一起。透過增加陶土部件的數量，能夠組合出更大、更複雜的作品。

❷ 查爾斯・史達弗勒德（Charles Staffeld）（@newcharleslikesmovies）替Cass B音訊擴大器的驅動部分設計了這塊電路板。這塊電路板上並聯了許多用來放大訊號的電晶體，得以在4歐姆阻抗的規格之上增加20～30W的推力。

❸ 木製品專賣店Pleasant Ranch的木工師傅史蒂夫・哈德卡（Steve Hadeka）（pleasantranch.com）原本是想做木製鳥籠和開瓶器，最後決定把這漂亮的黑核桃木蜂蜜攪拌棒送給養蜂人父親，做為他的專屬用具。

❹ 形容自己是銀匠、藝術家和永遠的工匠的英格利許・諾曼（English Norman）（@englishnorman）受到仿生雕塑的啟發，做了這些金屬耳環。

❺ 這是摩根・倫布克（Morgan Lembke）（@mlembke98）的第一個專題作品！她從圖片分享社群網站Pinterest和對家鄉的愛獲得靈感，用針線創作了這個可愛的編織作品。

❻ 金工創作者哈里森・塔克（Harrison Tucker）（@odin_craft）用純手工雕刻許多銅製品，包括骷髏造型的手指虎、掛繩線珠、撲克牌和戒指。

❼ 這條用橡樹葉圖案裝飾的背帶是凱利・德文斯（Kelly Devins）（@kellysleatherdesign）的作品。凱利・德文斯完全靠著自學成為皮革藝術家，從皮件切割到裝飾、針縫和染色都以純手工加工。

❽ 工匠古斯塔沃・圖恩提西（Gustavo Tuntisi）（@1of1tocovet）正全心投入製作真空管時鐘，它有一個體積龐大的IN14真空管、一個OG4十進管，還有一個邏輯訊號輸出埠，並且連接著音樂鐘，到整點就會敲鐘報時。

❾ 圖中這個作品還未完工，這個建立於電路板之上的專題來自托馬斯・卡西迪（Thomas Cassidy）（@tomcassidywasps），他正試著改進這臺Gristleizer老式合成器的效能。